転換期における
ヨーロッパの都市再生
持続可能な都市空間

伊藤徹哉 著

古今書院

Urban Renewal during the Turning Period of Urbanization Process in Europe:
Toward the Sustainable Change in Urban Areas

by ITO Tetsuya

ISBN978-4-7722-5357-4
Copyright © 2024 by ITO Tetsuya
Kokon Shoin Publishers Ltd., Tokyo

はしがき

　近年，世界各地で持続可能な社会構築のための取り組みがなされている。とりわけ都市は，社会，経済，文化的活動の中心であるがゆえ，多くの諸課題を顕在的かつ潜在的に抱えており，都市空間の持続可能性やその再編が各国の主要課題の一つとされている。中でも欧州諸国は，産業革命以降の都市化の長い歴史を有する地域であり，国内外の諸都市が密接に結びつくシステムを構築するとともに，各都市は活発に形態的，社会的，経済的に再編されている。このため，比較的狭い空間スケールの中で個別の都市空間に関する変質だけでなく，広域の圏域を対象に，各国における大都市圏，いくつかの国に広がるメガロポリス地域といった観点から都市空間の変質・変容を理解でき，着目する空間スケールを展開しながら都市空間を捉えることができる。

　同時に，ヨーロッパの近代都市は，産業革命期から第二次世界大戦後の高度経済成長期の成立・拡大期を経て，1970年代前半以降に成熟期，もしくは転換期を迎えているとみなすことができる。都市空間の成熟・転換期において，複数の空間スケールでみると，いくつかの特徴的な変化が生じた。まず，ヨーロッパ全体を見渡す大局的な空間スケールでは，都市間関係はそれまで国内でほぼ完結していた都市間での結びつき（都市群システム）が，国をまたいで，より大規模で広範な地域に形成されたシステムへと変質した。その背景には，現在のEU（欧州連合）につながる，社会・経済的統合へ向けた諸制度の改変があることはいうまでもない。また，国単位でみても，人口や経済規模の大きな都市は，行政域を超えて周辺地域と機能的に結合する大都市圏を形成し，各国で大都市圏を基礎単位とする社会や経済的な活動が活発化する。経済成長を促進するエンジンの役割は，実質的に大都市圏が担っており，それが故，人口

の維持や経済成長を可能とする技術開発支援や企業誘致などの協力関係が大都市圏レベルで議論され，大都市間での社会・経済対策の競争が激しくなっている。さらに，個々の都市の空間スケールでみると，初期の工業化（産業革命）によって成立・発展した都市の一部において，とくに都心周辺の密集した市街地の形態的・社会的・経済的な衰退が顕在化し，その対策が都市政策の中で実施されることになる。加えて，都市間競争が激しくなる中で，都市空間の再編が各地で進展していく。

このようにヨーロッパでは，都市空間の成熟・転換期を迎え，都市空間の再編が進んでおり，社会・経済的課題に関する都市政策を通じた都市空間の改変も積極的に行われ，都市の持続的な発展が目指されている。本書は，転換期にあるヨーロッパにおける持続的な都市空間のあり方を，複数の空間スケールでの都市空間の再編，すなわち都市再生という観点からまとめ，持続的な都市再生のあり方を議論しようとするものである。

本書は大きく，「第7章 結論」を含めて7つの章からなる。まず，「第1章 序論」において，本書での中心概念となる「都市再生」をまとめ，都市再生に関する既往研究を再検討する。「第2章 都市空間の形成と転換」において，都市空間の再編へ至る背景を都市基盤の成立という観点から歴史的に概観した後，1970年代前半から2010年代にかけての期間が都市空間の形成・変容プロセスにおいて転換期となっていることを概説する。「第3章 都市システム－ヨーロッパの中軸地域」では，ブルーバナナ概念に基づく中軸地域を設定した上で，ヨーロッパにおける都市空間を広域的・巨視的な観点から概観し，都市空間の再編の背景となる都市間の相互関係としての都市システムを捉えたい。「第4章 ドイツの大都市圏の再編とマルチスケールな都市・地域間連携」では，行政域を越えて周辺地域と機能的に結合する大都市圏に着目し，産業構造転換の進むドイツのライン・ルール大都市圏を事例に，転換期における大都市圏の社会・経済的再編を検討する。具体的には，大都市間や大都市圏内での連携の特徴を考察し，それらの連携を通じて都市間の相互関係が，競争的かつ協働・共同的であると同時に，重層的な空間スケール（マルチスケール）で展開され

る多面的な特徴を有し，この下で都市空間が再編することを議論する。「第5章　公的事業を通じた都市衰退地域の変容－ニュルンベルクの都市再生事業を事例に」では，ドイツ南部の有力都市であるニュルンベルクを事例として，都市再生事業を通じた都市の衰退地域の変容を形態的，社会・経済的な空間変容という観点からまとめる。とくに都心周辺のインナーエリアと位置づけられる，密集した市街地の形態的・社会的・経済的な衰退に対処する政策的な取り組み，および諸課題を，個別の都市や街区レベルの分析から考察する。「第6章　都市再生政策を通じた都市空間の再編－ミュンヘンの事例」では，ミュンヘンを事例として，個別の地区での公的事業を契機として，事業区域内およびその周辺地域において民間投資が促進され，土木や建築などの工学的手法による形態的な変化とともに，社会・経済的な環境変化も生じることで，都市中心部とその周辺の機能性が向上し，都市全体としての中心性や機能性が変化することを示す。

　筆者は，本書の特徴は次の3点にあると考えている。第1に，1970年代前半から2010年代までを都市空間の形成・変容プロセスにおける転換期として設定し，10年単位の中・長期的な視野から転換期における都市空間の再編，すなわち都市再生を考察しようとしている点である。公的事業を通じて実施された事業が短期的に地区を改変し，事業地区の活性化を図るという側面に限定することなく，中・長期的な都市発展のプロセスという観点から都市再生という都市空間の変化を論じたい。第2に，ヨーロッパの中軸地域といった広域の空間スケール，またはマクロな視点から，大都市圏という複数の都市や地域から構成されたメソスケールの視点での議論を経て，個別の街区レベルや各都市といった比較的狭い空間スケールであるミクロな視点まで，複数の空間スケールにおいて議論を展開しながら都市空間の再編を分析している点である。第3に，行政資料のみに依拠することなく，主にドイツの諸都市におけるフィールドワークで得られた知見を取り入れながら，地域の実態としての都市再生の特徴や課題を検討していることである。

　本書の刊行まで長い年月を要してしまい，記述内容が最新の内容を反映していない箇所もあるものの，フィールドで得られた知見は本書の課題を達成する

ための重要な構成要素となっていることに間違いは無い。多くの方々にご覧頂き，率直なご意見を賜れば幸いである。

　　2024年早春

伊藤 徹哉

目　次

はしがき　i

第1章　序　論 …………………………………………………… 1

1　「都市再生」に関する社会的動向と概念　1
2　デュアルサイクルモデルの2つの主要な観点からみた都市再生研究　4
3　時間性の観点からみた都市再生研究　7
　3.1　英米仏での都市再生　7
　3.2　ドイツの都市再生　8
　3.3　新自由主義的な都市再生の展開　9
4　空間性の観点からみた都市再生研究　11
　4.1　都市再生を通じた社会・経済空間変容　11
　4.2　民間資本の再投資を通じた空間の再構築　13
　4.3　都市システムの再構築と技術的側面　14
5　小括，および本書の展開　16

第2章　都市空間の形成と転換 …………………………………… 21

1　都市基盤の成立　21
2　近代都市の形成と発展　26
3　高度経済成長期までの都市拡大と転換期における都市空間　29
4　小括　34

第3章　都市システム－ヨーロッパの中軸地域 …………………………… 37
　1　ブルーバナナ概念に基づく中軸地域　37
　2　人口分布の偏在傾向　41
　3　空間的分布からみた都市の偏在　43
　4　小括　46

第4章　ドイツの大都市圏の再編とマルチスケールな都市・地域間連携 …… 51
　1　大都市圏の再編の背景　51
　2　ライン・ルール大都市圏の画定およびその概観　54
　　2.1　ライン・ルール大都市圏の画定　54
　　2.2　ライン・ルール大都市圏の概観　57
　3　大都市圏の社会的再編　59
　　3.1　人口変動の特色　59
　　3.2　人口分布および人口変化の地域的特徴　61
　4　大都市圏の経済的再編　67
　　4.1　NRW 州における事業所および就業者　67
　　4.2　大都市圏における就業構造の地域的変化　69
　5　ドイツにおける大都市圏での都市・地域間連携　73
　　5.1　国家（連邦）・州レベルでの大都市圏　73
　　5.2　ドイツにおけるヨーロッパ大都市圏 EMD での都市・地域間連携　76
　　5.3　大都市圏内での人的流動を通じた機能的な都市間結合と連携　81
　6　小括　84

第5章　公的事業を通じた都市衰退地域の変容
　　　　－ニュルンベルクの都市再生事業を事例に ……………………… 91
　1　都市再生事業導入の背景と本章の視座　91

1.1　都市再生事業導入の背景　91
　　1.2　本章の視座　94
　2　ニュルンベルクにおける都市再生事業の展開　96
　3　事例地区における都市再生事業の展開　100
　　3.1　事業立案および実施過程　100
　　3.2　再生事業に伴う建築物の形態的変化　102
　　　（1）事業費の支出細目に基づく事業内容　102
　　　（2）敷地形状と建築物分布の変化　104
　　　（3）再生事業に伴う住宅の形態的・機能的変化　109
　　3.3　再生事業による人口構造の変容　112
　　　（1）人口変動の特徴　112
　　　（2）5歳階級別人口の変化　113
　4　都市空間変容における都市再生事業の役割　117
　5　小括　119

第6章　都市再生政策を通じた都市空間の再編－ミュンヘンの事例 …… 125

　1　研究の視座と地域概要　125
　　1.1　本章の視座　125
　　1.2　地域概要と都市発展からみた都市地域構造　127
　2　ミュンヘンでの都市再生政策の展開　129
　　2.1　都市再生政策の導入と整備　129
　　2.2　都市再生事業の実績　135
　3　形態的・社会経済的側面からみた都市再生の地域的特徴　138
　　3.1　建築物の形態的側面における都市再生　138
　　3.2　経済的側面からみた都市再生　143
　　3.3　社会的側面からみた都市再生　146
　4　都市再生の地域的差異からみた都市レベルの空間再編　149
　　4.1　都心周辺地域における都市再生　150

4.2　都市再生政策を通じた都市空間の再編
　　　　－選択的な都市再生による都市レベルの空間再編　154
　5　小括　156

第7章　結　論 ……………………………………………… 163
　1　本書の総括　163
　2　本書での議論からみえる日本の都市再生の取り組みの課題　169
　3　今後の都市再生のあり方の検討や議論へ向けて　174

文　献　178
あとがき　193
索　引　199

第1章

序　論

　本章では，キーワード・鍵概念となる「都市再生」に関する社会的動向を概括するとともに，その概念を整理し，都市再生研究を再検討する。本書では都市再生を，政策的な枠組みにとらわれない，中・長期にわたる形態的・社会的・経済的な都市空間の再編として位置づけている。まず，都市再生に関する社会的動向を概説し，次にオーストリアの地理学者リヒテンベルガーが提示したデュアルサイクルモデルに着目して都市再生概念を検討した後，2つの主要な観点から都市再生研究を整理する。

1　「都市再生」に関する社会的動向と概念

　「都市再生」概念自体は，第二次世界大戦後の高度経済成長期以降の都市化と都市内部での機能変容が急速に進展したことを背景に，都市中心部やその周辺などの既成市街地で進展した都市衰退と関連付けられながら主に議論されてきた。先進資本主義国では既成市街地周辺に位置する区域での都市開発が進展し，新市街地が外延的に急速に拡張する一方，中心市街地が形態・社会・経済的に衰退していく都市衰退が各地で発生した。これに対応するために，都市中心部周辺のいわゆるインナーエリア[1]を対象にした，都市再生（更新）事業などが1970年代以降に各国・各地域で導入され，実施された（Couch, 2003；Wiessner, 1988）。また，グローバル化が進展し，産業構造の転換などによって衰退局面に突入した世界各地の都市において，1990年代以降に都市再生に関わる施策や取り組みが本格化していく（小原，2018：124）。国際的な都市間競争が激しさを増す中で，都市再生は，各国で都市政策上の成長戦略の一部とし

て活用されていくこととなる（Smith, 2002；Raco, 2003）。

　まず，政策的な枠組みとしての都市再生を，日本を事例にみてみたい。日本での政策上の都市再生は，いわゆるまちづくり三法や都市再生特別措置法をはじめ，1990年代後半以降に整備されてきた（伊藤，2012）。公民連携の手法や国の特例，また優遇措置を活用することによって，大都市中心部での都市開発が行われている。たとえば渋谷駅前などの大規模開発が可能となり，地域の課題だけでなく，グローバルな都市間競争を意識した高次の中心地の形成が図られている（田原，2020）。産業構造の転換や，地方都市などでの社会・経済的な退潮も進展する状況下で，都市再生の主眼は，都市内部における衰退地域の活性化や再発展の実現に置かれており，道路や建物環境などを改善する工学的な手法を通じた事業が各地で実施されている[2]。

　こうした動向をふまえ，日本での都市再生に関する学術研究は，土木や建築などの工学的手法を核とする都市再生が一定の成果を上げた2000年代に入り本格化する[3]。欧米諸国における先進的な取り組みや事業内容（阿部，2003；安藤，2005），また都市再生による国際化の進展や経済活動の活性化に関する議論が提示されてきた（児玉，2003；鈴木，2004；早田，2003）。これら研究において都市再生は，社会での政策的枠組み，および関連する公共事業や制度的な取り組みとみなされ，中心市街地での物理的環境を整備する手段として位置づけられている[4]。これらを背景に，都市の物理的空間の改善に力点が置かれる一方，住民属性の変化といった階級に関わる都市的変化についてはあまり強調されないことから，都市再生という表現は中性的で親政府的な用語と評されることもある（黄，2017：16-17）。

　政策的な枠組みとしての都市再生は，各地域や時代ごとの諸課題に対処すべく導入・整備されており，道路や建物環境などを改善する工学的な手法が中心となっている。このため，個別の事業の実現には巨額の財政支出や民間投資が不可欠であり，全ての地域で実施できるわけではない。特に財政状況の悪化する地方において，政策的な枠組みとしての都市再生は有効な対策となりづらい。こうした状況に対して，「公的な再生への取り組みが成果を見出せない」（武者，2020：337）という評価もみられるように，日本での都市再生は限界を迎えて

一方で，国際的にみると，都市間競争が本格化する中で，「都市再生」は都市政策上の重要テーマの一つに位置づけられるようになり，これに伴って工学的手法を中心にした取り組みだけでなく，都市地域の再編を通じた社会的な改善や経済発展を促す取り組みという多面的な性格が強調されている。欧米においては1990年代以降に，大都市を中心にグローバルな都市間競争が本格化している（Sassen, 1998）。日本と同様，都市再生は成長戦略に関する都市政策の一部に取り込まれており，政策を通じた都市空間の再構築に関する学術研究も蓄積されている（Carmon, 1999；Hatz, 2001；Luca, 2021）。欧米での都市再生の取り組みでは，工学的な手法に加えて，社会，経済環境の改善を図る多面的な枠組みとなっていることが指摘されている[5]（Raco, 2003）。

　多面的な都市再生は，その取り組みの長い歴史を反映している。すでに1970年代の高度経済成長期には，都市内の特定地域における建築物の老朽化といった形態的衰退への対策に加えて，局地的な人口高齢化といった社会・経済的な環境の改善へ向けた事業が展開されている（Wiessner, 1988；伊藤，2009）。このような展開の背景には，既成市街地内部での物理環境の改変が，短期的な経済活性化に寄与する反面，既存の地域社会の断絶をもたらし，従来続けられてきた小地域内での社会・経済活動を喪失させること（Renner, 1997）への反省がある。個別地域の歴史を含めた中・長期的特性への配慮の欠如が，社会・経済・文化的活動を継続させたり，都市空間を持続的に発展させたりする上で一つの障壁となる，という批判的視点を反映し，多面的な都市再生が展開されているのである。「再生」させるべき地域実態を画定・想定した上で，衰退現象やその要因を分析し，要因の除去を図り，潜在的可能性を含めた元来の地域のあり方を回復することが重視されている（Daase, 1995）。このことは，都市再生を通じた都市の持続的発展において，土木や建築などの工学的手法による短期的な変化だけでなく，社会や経済に関する中・長期的な空間変容のあり方が強く意識されていることを意味する。

　以上のように，欧米での政策的な枠組みとしての都市再生は，短期的な都市建設に関する都市政策から始まり，中・長期的な都市内の社会経済的な諸課題

への対処まで，長い取り組みの歴史を反映して多面的な性格を有している。取り組み内容においても，工学手法による建築物の形態的な改良のみならず，近隣地区の自然，社会経済的環境を活用し，再生させることに力点が置かれれており，10年単位の中・長期的な地域社会の活性化につながる住民や民間資本による地域社会の自立的な発展（再生）が重視されている。これらの問題意識を出発点として，本書は，都市再生を中・長期にわたる形態的・社会的・経済的な都市空間の再編として位置づけようとするものである。

2 デュアルサイクルモデルの2つの主要な観点からみた都市再生研究

本節では，都市再生を都市発展に関する包括的な概念として捉えるデュアルサイクルモデルに注目して，中・長期的な空間変容として都市再生の特徴をまとめる。デュアルサイクルモデル *Duales Zyklusmodell* は，オーストリアの地理学者リヒテンベルガー *Lichtenberger, E.*[6] が自著『都市衰退と都市再生 *Stadtverfall und Stadterneuerung*』（1990）で，都市発展 *Stadtentwicklung* に関するモデルとして示した考え方である（図1-1）。このモデルは都市発展[7]を，市街地（都市）拡大の過程と，都市中心部などでの空間再編としての都市再生の過程の2側面から説明するものであり，モデル図（図1-1）と8つの命題から構成されている[8]。

まず，都市発展のプロセスは，都市拡大と都市再生の帰結として捉えられ，次に，都市拡大と都市再生のサイクルは，複線的で動態的であり，複数の条件によって複合的に規定されながら中・長期的に変化しているとされている[9]（Lichtenberger, 1990：13-43）。こうした都市発展のプロセスの中で，都市衰退や，都市再生，都市拡大を捉えていくことになる。具体的には，都市衰退，あるいは都市内部の衰退地域は，既成市街地周辺の郊外での都市開発と都市中心部への再投資のバランスの不均衡さによって発現し，形態的・社会的・経済的な荒廃が生じている[10]，と指摘されており（同上），都市衰退が狭い範囲に限定された特定地区だけに関係する課題ではないと理解できる。

都市発展のプロセスの中で考えた場合，都市再生も都市衰退と同様に狭い範

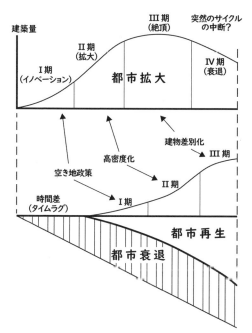

図1-1　リヒテンベルガーによる都市拡大と都市再生からみたデュアルサイクルモデル
Lichtenberger（1990：20）より筆者作成。

囲の特定地区だけの課題ではなく，また，中・長期的に捉える必要がある。都市再生は，都市システム（都市全体の空間構成要素）において，相互補完的な関係である都市拡大につねに遅れながら開始され，本格化し，収束を迎える，とされており（同上），都市再生は，中・長期的な都市発展のプロセスの一部として，時間軸の中で捉えることが求められるといえる。このため，都市再生では，プロセスに関する時間性の観点が求められるのである。また，プロセス変化の背景・要因として複数の条件が関連するが，特に政治システムの変化や技術革新が重要とされている（同上）。さらに，都市再生に関する個別の区域・地区における取り組みが機能的，社会的，経済的な機能変容を直接もたらすだけでなく，波及効果として，都市全体（都市システム上）の機能的な変化が生じているという観点が重視されている。この観点は，都市再生の空間パターンに関する空間性とみることができる。

デュアルサイクルモデルでは，都市再生に関わる関係主体や，その取り組み内容，また現象の範囲が広く捉えられており，都市再生は，公的主体による公共事業や都市政策だけではなく，再投資を通じた取り組みによる都市空間の変化全般を含むものとされている。具体的には，関係主体は，公的主体とともに民間資本や住民であり，都市再生の具体的な現象，内容や取り組みとして，建物の形態的な改善や，社会的・経済的な衰退地域の環境変化も議論の対象となる。これらを通じた個別の区域・地区における取り組みが形態的，社会的，経済的な機能変容をもたらすだけでなく，波及効果として，都市全体（都市システム上）の機能的な変化を生じさせているのである。

　以上のデュアルサイクルモデルにおける都市再生に関する指摘を踏まえると，都市再生研究を主要な2つの観点から整理できる。1つ目は，都市再生の時間性に関連する議論であり，空間パターンの背景や要因といった形成プロセスに関する研究である。都市再生の時間性が重視されており，言い替えると，都市再生の空間パターンの形成プロセスに関する見方である。中・長期的な都市再編の中で都市再生の空間パターンの形成プロセスを扱うものである。具体的には，都市発展のプロセスに関して公的主体による都市再生政策の展開を整理する研究や，関係主体と取り組み内容の変化に関する研究などである。グローバル経済の影響に代表される都市空間の外部環境との関連性に着目した研究なども含まれる。

　2つ目は，都市再生を通じて個別の区域・地区の変容だけでなく，都市全体（都市システム上）の機能的な変化が生じるとする，都市再生の空間性に対する視点である。個々の対象物，都市の単位地区，そして都市地域という異なる空間スケールから看取できる都市再生の特徴に留意した，都市再生を通した機能変容の空間パターンを重視した視点といえる。空間性の観点に関わる論点には，都市再生を通じた個別の区域・地区における形態的，社会的，経済的な機能変容に関する研究，再投資を通じた都市空間の再構築に関する議論，さらに，都市空間の改変に関する形態的・社会的・経済的側面からみた，都市全体（都市システム上）の機能的な変化についての論考などがある。人口移動やエスニシティの変化，さらに都市空間の再形成の前提となる自然的基盤や都市開発の

技術的側面にも着目できるだろう。

3　時間性の観点からみた都市再生研究

まず，時間性という観点から，英米仏とドイツそれぞれに関する研究を，関係主体や取り組み内容の変化といった側面に注目しながらまとめておきたい。欧米各国では，第二次世界大戦後の高度経済成長期に都市中心部周辺が停滞したり，衰退が深刻化したりする中で都市再生事業などの政策が導入され，これまで一定の成果を上げてきた。さらに，1990年代以降の新自由主義的な都市政策の下での都市再生の取り組みに関する研究を整理する。

3.1　英米仏での都市再生

第二次世界大戦後における都市再生に関する公的事業の嚆矢は，アメリカ合衆国における1949年の住宅法に基づく都市再生（更新）事業 *Urban renewal projects* とされる（伊藤，2009 ; Kahler and Harrison, 2020）。都市中心部周辺のいわゆるスラム地域の衰退に対応すべく，連邦政府主導の補助金度を活用した都市再生事業を通じてスラムクリアランスと住宅供給が進められ（Levy, 2005），衰退地域の建物改良が行われた。こうした一掃型の事業に対してコミュニティ崩壊の原因となるなどの批判もあり，1960年代後半には1954年の住宅法に基づく既存施設の修復や保存に重点が置かれるようになる（成田，1987 : 135-176）。

1978年に都市再開発補助プログラムが導入されたことを契機に，1970年代後半から，公共と民間によるパートナーシップに基づく再開発事業が多く実施された（渋澤・氷鉋，2000 : 307-310）。しかし，長期的視点や社会的観点が軽視される傾向が批判されたことで，1980年代には，いわゆるまちづくり会社TMOなどによって中心市街地を戦略的に運営・管理する新たな取り組みが広まり，90年代の後半になると民間企業と住民参加も含めた協議型の都市再開発へと変化することになる[11]（同上 : 307-310）。さらに，1999年に連邦と州政府主導の政策（リバブル・コミュニティ・イニシアチブ）が導入され，衰退市

街地の低所得者層への対策や公共交通システム整備といった総合的政策へと変化しており（同上：309），都市再生の取り組み内容は多様化し，総合的な取り組みへと変容していったといえる。

　イギリスの都市再生政策では，1970年代に公的事業を中心として都市中心部周辺が大規模に再開発されたが，1980年代以降には補助金を通じた間接的な都市再生政策へと方針が転換されている（Couch, 2003: 34-35）。おもな関係主体は，都市再生のための13の都市開発公社 *Urban Development Corporation* であり，公社は1981年から97年までの期間において，土地・建物の強制収用権と地方自治体からの計画認可権を譲り受け，都市再生事業を推進した（篠原ほか，2003：149）。2000年代に入ると，都市再生補助金プログラムを活用した近隣地区の再生が，地方自治体や都市再生会社 *Urban Regeneration Companies* のほか，自治体・企業・コミュニティなどによる多様な連携組織を通じて遂行されていく（同上：155-156）。

　フランスの都市再生事業でも，政府や基礎自治体が中心となった再開発型の都市再生からの変化がみられる。1980年代以降，補助金に基づく間接的な取り組みが中心となり，予算規模も縮小しているものの，既存の建物などのリノベーションが重視されるといった地域資源の活用が進められている（Primus and Metselaar, 1992）。このように1980年代以降，公的資金による直接的な事業が縮小傾向にあるものの，都市再生政策では近隣地区の自然，社会経済的環境を活用しながら，生活空間の持続的な発展が目指されている。

3.2　ドイツの都市再生

　ドイツは欧米諸国の中でも積極的に都市再生政策を推進してきた国の一つであり，基礎自治体ではこれまでに数多くの都市再生に関する事業が実施されている（Ito, 2004a）。同国では1960年代に都市中心部周辺のインナーエリアで形態的・社会的衰退が社会問題化したため，1970年代に都市再生政策の大きな柱である都市更新（再開発）*Stadtsanierung*，または都市再生 *Stadterneuerung* と呼ばれる公的事業が導入された（Ito, 2004b）。1970年代までの都市更新（再開発）に基づく事業と，それ以降の都市再生概念を取り入れた公的事業とは，

後段で簡便に紹介する通り，厳密には異なる特色を有するものの，都市空間の再構築を進める契機となっているため，本稿では一括して都市再生事業と呼称する。

都市再生事業の主な目的は，その法的基盤である都市建築助成法 *Städtebauförderungsgesetz* 第 27 条において「ある地区の都市建築上の衰退状態を根本的に改善または再生する措置」と規定されており，同事業を通じた衰退地域の改良が多角的に進められた[12]。導入当初は街路整備や住宅建替えなどを核とする大規模な面的整備が中心であったが（Wiessner, 1988），1970 年代後半になると建物の修繕や補修，住宅設備の更新を柱として，再利用が重視され始めた（Renner, 1997）。1980 年代後半に社会組織を含めた地域社会・自然環境を維持・補完する「生態的都市更新 *Ökologische Stadterneuerung*」が登場し，とくに街路緑化や宅地の緑化を通じた住宅地域の環境改善が積極的に進められた（Schatz und Sellnow, 1997）。

さらに，1990 年代後半には都市再生政策では，失業率や外国人比率の高さといった社会的な課題を抱えた近隣地区を主なターゲットとして，自然，社会，経済的環境を活用し，再生させる取り組みが展開されていく。この時期，いわゆる「社会的都市 *Soziale Stadt*」事業が導入され，近隣地区の社会的関係の再構築や失業などの社会的問題への対処が図られた[13]（山本，2007；Eltages und Walter, 2001）。都市再生事業などの都市再生政策では，事業による直接的な影響だけでなく，事業前後の民間資本の再投資を通して地域社会の総合的な活性化が図られた。とりわけ，東西ドイツ統一後の旧東ドイツでは，交通インフラをはじめとする都市の再構築が重要課題となり，「東での都市再編 *Stadtumbau Ost*」と呼ばれる枠組みも導入された（大場，2004）。

3.3　新自由主義的な都市再生の展開

欧米の先進資本主義国では，都市の社会的・経済的環境や空間構造が変化するに伴って，都市再生の意義や目的も変化する。1980 年代以降，ポストフォーディズムとグローバリゼーションを背景に国際的な経済活動の中心として中枢管理機能の集積する世界都市が形成され（Sassen, 1991），国際資本による都市

中心部への投資が拡大することで再開発が加速していった。欧米での1980年代までの都市再生，特に政策面では，都市住民の抱える形態的，社会的，経済的な課題に対する対策が中心となっていたが，1990年代に入ると，新自由主義的アーバニズム Neoliberal Urbanism が世界各地へ展開し，公共政策においても新自由主義的な都市政策が広がりをみせるようになる。

新自由主義的な都市政策が採用された各国では，中央政府が都市開発における市場のレギュレータから市場のエージェントへと変化し，都市間競争に勝ち抜くための施策を採用していった（Smith, 2002）。Raco（2003）は，イギリスにおける地方都市や都市中心部の衰退地域を対象にした都市再生を取り上げ，地域経済の活性化を通じた再生戦略という観点からは一部で成果がみられる一方，これらの取り組みは構造的な社会・経済問題を抜本的に解決するには至っていないと結論づけている。また，オランダのような社会保障制度が充実した一部の国々でも，1990年代以降の財政悪化を背景に，民間資本を活用する新自由主義的な公共政策を採用している（Van Weesep, 1994）。1990年代以降，多くの国や地域では都市再生政策の重点は，社会的な課題への対処から，経済成長に関する取り組みへとして変質していった。

ここまでみたように，1970年代前半まで，都市中心部での衰退に対して地方自治体は，公共事業として都市再開発を通じた住宅や道路といったインフラ整備を核とした事業を推進した。その後，民間資本を含む多様な関係主体が関係する都市再開発などの都市再編が活性化している。関係主体や取り組み内容は多様化しており，1990年代以降には世界各地の諸都市において，都市再生に関する戦略的な都市中心部の再構築のための取り組みが，時期的な特色や地域的な差異を伴いながら広がりをみせる。

欧米での事例に基づくと，都市再生は，Lichtenberger（1990）の指摘の通り，高度経済成長期における都市拡大に遅れて開始され，それ以降の関係主体や取り組み内容の多様化，さらに世界各地への拡大などを通じて本格化している。都市再生を中・長期的な都市の空間再編の中で捉えようとする時間的な観点は妥当といえる。ただし，各地の都市が都市再生の本格化する時期を迎えているとして，そうした都市再生が本格化する段階が，都市発展のプロセ

スの中で維持されている状態であるのか，収束へ向かう状態にあるのかは，実証的かつ理論的に検討されている訳ではなく，今後の議論の対象となるだろう。Lichtenberger が都市発展のプロセスで重視する，政治状況や技術革新の進展や，経済的・社会的な変化などの視点は，議論を深化させる上で不可欠である。

4 空間性の観点からみた都市再生研究

都市再生研究の 2 つ目の観点である，都市再生を通じた機能変容の空間パターンを重視した視点から研究を整理したい。その際，都市の空間性に関わる側面である，社会・経済空間変容，民間資本の再投資を通じた空間の再構築，都市全体の機能的な変化という側面からみた都市システムの再構築に着目する。

4.1 都市再生を通した社会・経済空間変容

都市再生政策を積極的に推進してきたドイツを事例に，都市再生を通じた社会・経済空間変容に関する研究をまとめる。同国では，公共政策としての都市再生の取り組みが，主に都市中心部周辺のインナーエリアで実施されてきた。こうした都市再生が社会空間に与える影響は，直接的には建築物などの形態的な改良であり，これに加えて住宅の質向上に伴う家賃上昇や，居住者属性の入れ替えであることが指摘されている。たとえば，Müller（1985）は，ニュルンベルクの都市再生事業を事例として，1970〜80年代に生じた人口構造の変容を分析し，事業区域では計画の公表後に人口移動が増加し，補修の不十分な衰退建築物へ外国人労働者が流入したことを指摘した。この指摘はドイツ人および外国人の人口構造変化が短期間に現れたことを示している。

また，都市再生の取り組みは，事業対象区域の住民属性の変化という社会的変化とともに，商業施設への再投資といった経済的な変化を引き起こしている。Daase（1995）によるハンブルクを事例とした研究では，都市再生事業区域においては公的助成に基づいた改修によって住宅の質的向上が図られ，その恩恵を受けた住民がいる一方，何も行われなかった住宅でも家賃上昇が発生し，その結果，低所得者層の流出と高収入世帯の流入が生じた。同様に，Lochner

(1987) は，インゴルシュタットを事例にして 1970 ～ 80 年代での都市再生事業を分析し，中・長期的に見た場合，建築物の改良や商業環境の改善が生じる一方，家賃上昇が生じ，低所得者層を中心にした既存住民が地域外へと転出していることを明らかにした。伊藤（2003）は，ニュルンベルクを事例として，インナーエリアの密集市街地における事業時期の異なる 2 事業の比較から，建築物の形態的変化ならびに社会的変化の特徴を論じており，その詳細は本書第 5 章で扱いたい。

　さらに，都市再生政策の実施に伴って公的事業の直接的な影響として建築環境や社会経済構造が変化するだけでなく，事業前後に民間資本の再投資や地域経済の活性化が進展することも指摘されている。たとえば 1970 年代後半から 90 年代半ばに，アウグスブルクの旧市街地 *Altstadt* において実施された複数の都市再生事業の事例では，直接と間接事業費を併せた民間投資は，投資総額の約 6 割を占めている（Hatz, 2001）。民間投資が重要な役割を果たしているとともに，居住環境の変化は人口構造において低収入世帯から中・高所得世帯への変容を生じさせたことを示した。

　公的な事業だけでなく，民間投資を通じて住宅の改修・近代化が進展することで，居住環境が改善される一方，こうした変化は，主に賃貸住宅の家賃の上昇として居住者の経済的負担となる。家賃上昇に耐えきれない旧住民は，従来の家賃水準に近い物件への転居が余儀なくされる。家賃上昇に伴う居住者の変化は，Wiessner（1988）によるニュルンベルクでの民間資本（個人資金）による住宅近代化の研究において明らかにされている。近代化の行われていない住宅と比較した場合，高家賃である近代化住宅では高収入世帯の割合が高く，住宅の機能的・形態的変化と人口特性の変化が連動して生じることを示した。同様に，Schaller（2021）は，ドイツの都市を事例に，大規模なデベロッパーや不動産投資会社などの利害関係者を巻き込む，新たな官民共同の都市再生事業を分析している。その結果，地方政府，民間企業，およびコミュニティに肯定的な相乗効果を生み出す都市再生戦略の一端を明らかにしている。ただし，これらの研究では事業区域を中心にした極めて限定された地区が，分析・評価されており，公共政策としての都市再生を通じた都市単位での空間変容への視点

は限定的である。都市発展の中長期的な視野に立脚しながら，都市空間の形成プロセスの中で個々のプロジェクトを位置づけ，評価する視点は，都市再生研究において重要な課題であろう。

4.2　民間資本の再投資を通じた空間の再構築

都市空間の形態的，社会的，経済的な再構築は，公的主体による都市政策だけでなく，民間資本による再投資の拡大によっても引き起こされる。自立的な都市再構築とも解釈でき，いわゆるジェントリフィケーション Gentrification が典型といえる。ジェントリフィケーションは，現在の住民よりも富裕な階層のために空間を生産することを目的にした，都市中心部への資本の再投資とされ（Smith, 2000），住民階層が上方に移動することを一つの特徴としている。既述の通り，都市中心部周辺の一部でインナーシティー問題が顕在化し，これに呼応して中心市街地の再生の可能性が議論されるようになる。1970年代には，都市内の近隣地区の再生として高質化 Upgrading やジェントリフィケーションに関する研究が本格化する（成田，1987：211-241）。

高質化は，地区内居住者を中心にした再投資を通じた地区変容であり，実際に居住する在住者による質的な変化とされる（Clay, 1980：19）。これに対して，後者は，地区内での住民階層が上方へ入れ替わる現象を基本特性としている[14]（London, 1980：77-92）。いずれも，公的資金に依拠せず，あるいはその影響が小さいにも関わらず，民間資本による再投資を通じて地区の再生が図られることになる。近隣地区の再生として高質化やジェントリフィケーションが注目された一つの背景には，低成長期における民間活力や資本の活用の議論がある。たとえば，イギリスではサッチャー政権下の1980年代において民間活力が重視され，補助金を通じた間接的な都市再生政策が進められた（Couch, 2003：34-35）。公的資金による事業だけに頼らない，民間資本による再投資を通じた地域変容が着目されたとみることができる。

自立的な再投資を通じた都市中心部などでの形態的変化は，高所得者などの流入の一方で，高齢者や少数民族集団などの排除をもたらす。地区の再生を主導するのは,所得水準の高い専門職や管理職などの新たな中産階級である（Ley,

1996)。住宅市場を通じた都市中心部での空間再編が急速に進展する場合もあり，衰退地域の再生のあり方として注目されたといえる。一方で，中心部から押し出される形となる旧住民の存在や（De Verteuil, 2011），既存の少数民族集団への配慮が不十分な開発も行われ，マイノリティーが排除された都市空間が再形成された（Kahler and Harrison, 2020），といった批判的な指摘もなされている。

　2000年代には，先進資本主義国のみならず，中国，インド，パキスタン，南アメリカといった国々において都市の中心部が再編されており，都市空間の再構築が，先進資本主義国から発展途上国まで，さまざまな地域で進展している（Lees, 2012）。さらに，2000年代に入り，郊外地域を含めた地域でも都市再開発も活発となるなど，都市中心部からの空間的な広がりや，商業や観光部門を中心とした再編が進展しており，都市空間の空間的・形態的な変化が多様化してきたとされる（黄，2017）。藤塚（2017）も，ジェントリフィケーションの現象の多元性や，現象発現の空間的な広がりを指摘している。ジェントリフィケーションは，個別の区域・地区の変容にとどまることなく，都市空間の様々なスケールで建築環境，居住者などの社会的・経済的な変容を生じさせていると推測できる。ただし，民間資本の再投資を通じた空間の再構築という，個別の区域・地区を越えた，都市全体（都市システム上）の機能的な変化という視座は必ずしも十分ではない。このためLichtenberger（1990）の提示した都市再生の空間性からみると，これらの研究は，民間資本による再投資の拡大という観点から都市再生の背景を傍証する立場とも位置づけられるだろう。

4.3　都市システムの再構築と技術的側面

　都市再生の取り組みは，都市域の広い範囲に影響を与え，都市全体の機能や都市システム上の変化をもたらす。欧米各国では，積極的に都市政策に取り入れられてきた。たとえばドイツでは都市再生政策が早くから実施されており，公的事業での対象区域のみならず，公共政策としての都市再生の取り組みが，都市中心部に位置する旧市街地やその周辺のインナーエリアを再構築する手段となることが明らかにされている。取り組みの一例として，ドイツの諸都市で1980年代に進められた住宅の近代化への補助事業がある。近代化の行われて

いない住宅と比較した場合，高家賃である近代化住宅では高収入世帯の割合が高くなっており，住宅の機能的・形態的変化と人口特性の変化が連動して生じていた（Wiessner, 1988）。建物の機能的な変化は家賃上昇をもたらし，居住者特性にも影響を及ぼしている。これら事業をきっかけに，旧市街地やインナーエリアが形態的・社会的・経済的に変化している（Daase, 1995；Hatz, 2001；Lochner, 1987；Schaller, 2021）。

　加えて，都市再生政策を通じて都市域全体での空間再編が生じている。たとえばドイツ中部のニュルンベルクや，南部のミュンヘンでは，インナーエリアを対象とする都市再生事業が1970年代から実施されてきた（Ritter, 2003）。伊藤（2009）は，ミュンヘンを事例に，都市空間の形態的・社会経済的変化という視点から1980年から2000年までの都市再生の実態を分析し，都市再生政策に伴って都市域全体での空間再編が生じていることを明らかにしている。個別の地区での公的事業を契機として，都市中心部とその周辺の機能性が向上し，都市全体としての中心性が改善していく事例の詳細は，本書第6章で扱いたい。

　このように，都市空間の再構築としての都市再生は，土木や建築などの工学的な手法を通じた形態的な地域的変容の一面もみられる。とくに，Lichtenberger（1990）が示したとおり，中・長期的な空間的プロセスとしての都市再生は，技術的条件に規定される側面を有する。このため都市再生の空間性には地域の地形・地質的，水文的といった自然的基盤や，さらに建築・土木分野での技術革新とも関連することに留意する必要があるだろう。既成市街地内での開発において建築物の高度制限，土地利用転換，公共空間や開発用地拡大の可能性に関係しており，軟弱土壌や傾斜地などの開発は制約を受けざるを得ないからである。たとえばRuming et.al.（2021）はオーストラリアのニューカッスルの旧炭鉱地域を事例に，都市空間の再編成における地下の役割を考察している。この中で，旧坑道が存在することで，地上での土木や建築作業において，地質条件に関する地盤工学的な分析，地図化を通じた地盤沈下のリスク評価などが必要となるとした。地下空間は，地上での都市開発の形態に影響を与え，さらには都市の形態をも規定すると指摘している。ここからも，自然的基盤や技術的側面が都市再生の一要素となることが理解できる。

都市中心部での衰退地域を中心に住宅や道路といったインフラ整備などの取り組みが行われ，都市空間が形態的に再構築されていくだけでなく，民間資本を含む多様な主体によって開発などの都市再編が活性化し，都市中心部だけでなく都市空間全体にわたる社会的・経済的な変容も生じている。欧米での事例に基づくと，都市再生は個別の区域・地区における形態的，社会的，経済的な機能変容だけでなく，都市全体の機能的な変化を促しているとみることができる。都市再生の特徴を，個々の対象物，都市の単位地区，そして都市地域という異なる空間スケールからとらえる視点から研究が可能であることを示している。ただし，都市再生の発現する区域や範囲，個別地域の形態的，社会的，経済的な機能変容に関する研究の蓄積はみられるものの，都市全体での機能的な変化といった観点からの研究に関しては，今後のさらなる展開が待たれる。

5　小括，および本書の展開

　本章では，都市地理学者・リヒテンベルガーによる都市発展に関するデュアルサイクルモデルを手がかりに，中・長期にわたる都市の形態的・社会的・経済的な空間再編として都市再生を捉え直した。そのうえで，都市再生に関する研究の主要な観点を提示するとともに，主要な観点から都市再生研究を概観した。これらの検討を通じて，都市再生の概念には，広範な関係主体や取り組み内容，さらに中・長期的な空間的プロセスに関する現象が含まれていると整理することができる。

　こうした都市再生の広義の概念に基づくと，都市再生研究は主要な2つの観点から整理できる。1つ目は，都市再生の時間性に関連する議論であり，空間パターンの背景や要因といった形成プロセスに関する研究への視点である。中・長期的な都市再編の中で，都市再生の空間パターンの形成プロセスを扱うものである。その際，多様な関係主体，また取り組み内容の変化といった観点から研究を整理することができる。2つ目は，都市再生の空間パターンに関連する議論であり，都市空間の機能的変容に関する研究への視座である。都市再生を通じた個別の区域・地区における形態的，社会的，経済的な機能変容に関する

研究，再投資を通じた都市空間の再構築に関する議論，さらに政治・社会・経済的側面からみた，都市全体（都市システム上）の機能的な変化についての論考などである。個別の地区から都市全体までの異なる空間スケールで都市再生を捉え直す観点となる。これらの観点は，デュアルサイクルモデルが土木や建築などの工学的手法を通じた形態的な変化だけではなく，社会・経済的な都市再編をも包括して検討するための有力なモデルであること示すものである。

　以上の考察をふまえて，本書では，第2章において都市空間の再編へ至る背景を歴史的に概観した後，1970年代前半から2010年代にかけての期間が都市空間の形成・変容プロセスにおいて転換期となっていることを概説する。「第3章　都市システム－ヨーロッパの中軸地域」では，ブルーバナナ概念に基づく中軸地域を設定した上で，ヨーロッパにおける都市空間を広域的・巨視的な観点から概観し，都市空間の再編の背景となる都市間の相互関係としての都市システムを捉える。「第4章　ドイツの大都市圏の再編とマルチスケールな都市・地域間連携」では，行政域を超えて周辺地域と機能的に結合する大都市圏に着目し，産業構造転換の進むドイツのライン・ルール大都市圏を事例に，都市空間の形成・変容プロセスにおける転換期での大都市圏の社会・経済的再編をまとめるとともに，ドイツでの事例に基づき，大都市間や大都市圏内での連携の特徴を考察し，大都市間や大都市圏内での連携都市間の相互関係が，競争的かつ協働・共同的であると同時に，重層的な空間スケール（マルチスケール）で展開される多面的な特徴を有し，この下で都市空間が再編することを捉える。

　さらに，第5章において，ドイツ・ニュルンベルクでの公的事業を通じた事例地区レベルでの建築物などの形態的変化，また社会・経済的変容の詳細を紹介するとともに，第6章では，都市全体の機能的な変化についてミュンヘンの事例を詳説したい。ミュンヘンの事例からは，個別の地区での公的事業を契機として，事業区域内およびその周辺地域において民間投資が促進され，土木や建築などの工学的手法による形態的な変化とともに，社会・経済的な環境変化も生じることで，都市中心部とその周辺の機能性が向上し，都市全体としての中心性が改善していることが示唆されている。

注

1) 都市衰退の現象がみられる空間的な範囲について，成田（1987）は，一つの都市内ゾーンとしてとらえる場合にはインナーエリアとし，この中で特に都市問題と関連させた範囲をインナーシティーとして，両者を区分しており，本稿でもこれに倣う。
2) 日本における都市再生政策が工学的な手法が中心となっていることは，根拠法の条文からも理解できる。2002 年 4 月制定の都市再生特別措置法（2020 年 6 月改正）で，「都市再生」は「都市機能の高度化及び都市の居住環境の向上」および「都市の防災に関する機能を確保」（都市再生法第 1 条）することであると定義されている。こうした考えに立脚して将来実現すべき地域像を設定し，政策的な措置の影響で短期間に変化させることを主眼とする施策が展開されている。
3) 「都市再生」が含まれている文献を，国立研究開発法人科学技術振興機構 JST が運営する情報提供サービス J-Globe を用いて検索すると（JST ウェブサイト，2021），4,901 件が抽出され，このうち 97.5%（4,777 件）が 2000 年以降に発表されている。なお，本サービスでは文献として約 5,142 万件を対象としている（同上）。
4) 日本における 2000 年代前半までの都市再生政策の整備動向と課題は，都市計画学会による『都市計画』51 巻 6 号（2003）の特集「都市再生政策は都市空間をどのように変えるか？」において検討されている。この中で福川（2003）は，日本の都市再生政策では「都市再生＝超高層」という考え方が広まっているとして，都市内に大規模建造物の建設が促進される可能性を指摘している。また，実際の事業内容と手法は，都市構造改革研究会・エクスナレッジ編（2003）に詳しい。
5) 日本でも都市再生の特徴を，土木や建築などの工学的手法に基づく形態的変化だけでなく，社会的・経済的・文化的変化に求める考え方もみられる。たとえば，大西（2003）は，日本でも都市再生という用語が時代状況の変化に対応した物的，社会的，文化的な空間再編として理解されている，と指摘している。
6) リヒテンベルガーは，ウィーン大学を中心に活躍した，ヨーロッパを代表する著名な地理学者・科学者であり，2017 年に 91 歳で没した。彼女は，ウィーン大学で 1965 年に教授資格を取得した後，同大学で 1972～1995 年に地理学および地域研究講座の主任教授となり，国内外を対象とした都市地理学研究をはじめ，北米・東欧地域研究，山岳地の景観研究などの多岐にわたる理論的・実証的研究を多数発表している（Universität Wien website, 2021）。また，オーストリア科学アカデミー会員，イギリス王立学士院会員なども務めたほか，IGU のオーストリア国内主要メンバーや各種委員会の構成員として精力的に活躍し，その功績から数々の賞を受賞している（Österreichischen Akademie der Wissenschaften website, 2021）。
7) 「都市発展」は，既成市街地周辺での都市開発による実質的な都市域の拡大というプロセスと，都市中心部での変化をきっかけとする都市空間全体におよぶ再形成のプロセスという 2 側面に着目した概念となっている。見方を変えると，「都市成長に伴って引き起こされるさまざまな変化」（山神，2015）という都市化の捉え方や，高橋ほか（1997）の指摘する，市街地拡大と都市機能の変容に着目する広義の都市化の説明と共通する特徴を持った考え

方であり，広義の都市化という用語に近い概念と理解できる。

8) デュアルサイクルモデルを構成する8つの命題（テーゼ）は，以下の通りである。第1のテーゼでは，都市発展の本質を，都市拡大と都市再生という，2つのプロセスからなるものとして，次の通り表現している。「都市発展は単一のプロセスではなく，都市拡大と都市再生との，2つのプロダクトサイクルとして基本的には捉えられる」（Lichtenberger, 1990：18）。都市拡大と都市再生のそれぞれは，サイクル性を伴った可変的なプロセスであり，都市発展は複線的で動態的な特徴を有する。このため，本モデルは都市発展に関する2つのプロダクトサイクルからなるデュアルサイクルモデルと呼称されている。都市拡大と都市再生のそれぞれのプロセスは，一定のサイクルの中で，パラメーター（指標）を通じて変化をとらえることができる。都市発展の一つのサイクルにおける，プロセスの変化が生じる背景は，第2のテーゼとして次のように示される。「都市発展の新たなサイクルは，少なくとも2つのパラメーターの変化によって進行する。パラメーターは，政治的，技術的，経済的，社会的，都市建築上の条件という5つであり，それぞれが複合的に変化する」（同上）。次いで，2つのプロセスがそれぞれ4区分できることが第3のテーゼで示される。都市拡大と都市再生の各々のサイクルは，「都市内部の建物の建築プロセスに関する指標の変化」（同上）に基づいて，動態的に4区分されている（図1-1）。I期（イノベーション）からIV期（衰退）に至るプロセスであり，最終段階には，プロセスにおける変化が突然止まることがあると，第4のテーゼで明らかにされる。「都市発展のサイクルは突如として中断するが，政治的，あるいは技術的理由に基づいて再開される」（Lichtenberger, 1990：19）。また，都市拡大と都市再生それぞれのプロセスは，時間的なズレを伴いながら進行しており，このズレが都市衰退の発現であるとして，第5のテーゼでは都市拡大がつねに都市再生に先行するとされる（同上）。都市拡大と都市再生との間に生じるタイムラグに関して，第6のテーゼで次のように述べる。「都市衰退は，都市拡大と都市再生の間に生じるタイムラグから発生する。都市衰退の規模は，一定状況下での旧都市空間への政治的・経済的決定者による投資戦略に依存する。同様に，インフラ，交通，コミュニケーション，情報，ゴミ廃棄，公益事業などの新たなシステム設置に伴う技術的条件にも依存する」（同上）。第7のテーゼでは，都市衰退は，都市拡大と都市再生による量的関係から生じるとしており（同上），建築物の量的変化からそれぞれのサイクルを測定できることが明示される。さらに，第8のテーゼでは，都市再生が都市拡大よりも時間的に遅れて始まる背景として，都市システム上，それぞれが相互補完的である点が指摘されている。「都市再生は都市拡大を機能的に補完する事象として捉えることができる。すなわち，都市拡大において重視されなかった都市システム上の要素が，都市再生に関わる将来的な計画では重視される」（同上：21）。郊外での都市拡大が進展することで，都市空間全体でみた都市中心部の役割や必要とされる形態や機能も変化するため，後の計画においてそれらを意識した都市再生が実施され，都市中心部が再構築されるのである。

9) 都市拡大と都市再生の各々のサイクルは，4区分されており（図1-1），I期（イノベーション）から，II期（拡大），III期（絶頂）を経て，IV期（衰退）という4期からなる（Lichtenberger, 1990：18-19）。I期は，新デザインが実験的に導入され，都市開発に関する空き地政策が

展開されるイノベーション期とされる。II期は，建築デザインの標準化や開発の新たな形態が導入される拡大期であり，都市域での高密度化が進展する。III期は，都市システムの全体での建物形態の差別化が図られるようになる絶頂期であり，建物更新が進展していく。さらにIV期は，都市システムの成長限界点となる衰退期とされ，最終的には，プロセスにおける変化が突然止まることがある。

10) 都市衰退の特徴は，形態的な荒廃とともに，社会的・経済的に都市が荒廃していく現象として捉えられている。主に政治的・経済的判断による経済効率を優先した，既成市街地周辺での郊外開発や，都市中心部の再開発の停滞といった誤った投資を通じて，都市中心部での老朽化した建物の放置や空室の増加をはじめ，空き地の発生など，住宅，工場，商業施設などの形態的で物理的な荒廃が進行していく（Lichtenberger, 1990：15）。荒廃した建物や地域に社会のマイノリティーである被差別集団や低所得者集団が入り込んでいくため，都市中心部での荒廃によって，社会的な荒廃が発生することになる。こうした社会的な衰退は，古くはバージェスが同心円地帯モデルの中でも，いわゆる遷移地帯のスラムや不良地区といった荒廃地区として示されており（Burgess, 1925），単なる社会的弱者が集住するだけでなく，犯罪者や暴力集団なども入り込むことで徐々に治安も悪化し，社会的・経済的に課題を抱えた地区となっていく。なお，バージェスの同心円地帯モデルにおける，遷移地帯の衰退現象に関しては，成田（1987）に詳しい。

11) 1990年代には，衰退地域への企業誘致政策が導入され，企業に対する税制上の優遇制度が活用されたほか，通勤・通学の交通手段整備への補助なども行われた（渋澤・氷飽，2000）。

12) 都市再生事業の法的根拠となる都市建築助成法は1971年に連邦法として制定され，1986年に連邦建築法典に発展的に統合され，以後，都市再生事業は当法典に依拠して実施されている。事業費は原則として，連邦，州，基礎自治体それぞれが3：3：4の比率で負担している。なお，ドイツの行政組織は連邦政府，州政府，特別市を含む基礎自治体の3層構造である。

13)「社会的都市」事業は，主な目的として社会的課題への対処を掲げているものの，その事業内容として市街地の居住環境整備などの市街地整備も含むものであり（伊藤，2003；Walther, 2002），1970年代以降の公的事業の柱である都市再生事業を実質的に継承しているとも解釈できる。

14) ジェントリフィケーション現象は，研究の視点や立場の違いによって多面的に捉えられており，明確に定義することは難しいとされる（藤塚，2017：1）。一般的には公的資金に基づく公共事業などを含めず，あるいはその影響は小さく，民間資本による再投資を通じて地区の再生が進展するが，Hatz（2021）のように，公的助成による都市再開発を含めた研究もある。なお，ジェントリフィケーション研究の展望は，藤塚（1994；2017），黄（2017）に詳しい。

第2章

都市空間の形成と転換

　本章では，まずヨーロッパにおける都市空間の再編へ至る背景を，都市基盤の成立という観点から歴史的に概観した後，都市の空間的拡大が1970年代前半まで継続したことを確認する。さらに，それ以降，都市の空間的拡大に加えて，既成市街地内での再投資拡大を通じた都市の機能的・形態的変容が進展したことを検討し，1970年代前半から2010年代までが都市空間の形成・変容プロセスにおいて転換期となっていることを概説する。

1　都市基盤の成立

　まず，都市基盤を，近代都市に直接・間接的につながる，建造物を代表とする地物からなる形態的な基礎や背景，また市民社会や都市文化を含めた社会・経済的な基礎や背景という意味として捉え，都市基盤の成立を歴史軸からみていきたい。ヨーロッパでは，古代ギリシア・ローマに起源を有する都市が現存するだけでなく，中世に政治的・宗教的・経済的拠点として成立・発展した都市が数多く立地し，産業革命期以降，工業化の核心地として経済発展を遂げる中で近代都市へと変貌を遂げている。そうした都市の一部では，市内に残存する歴史遺産が観光資源として活用されている（写真2-1）。古代の遺跡などは，単なる観光資源としてだけでなく，都市住民のアイデンティティ認識の基盤となり，また，同じ「ヨーロッパ」に暮らす人々という意識の醸成に寄与している。たとえば後者では，各地に残存する古代ローマの遺跡は，個別の歴史的文化財としての保護の対象であると同時に，都市住民に対して各地に残される遺構との比較や対照を容易にしており，こうした作業を通じて，都市住民は

写真 2-1　イタリア・ローマのコロッセウム（円形闘技場）
市内に多数残る遺跡は貴重な観光資源であり，施設入場料のほか，観光客の宿泊や飲食による収入が地域経済に与える影響は大きい。2000年2月，筆者撮影。

「ヨーロッパ」でひろく見られる類似した都市の歴史的背景・ルーツを認知する機会を得ている。

　都市を中心とした社会や文化の成立は，古代ギリシア時代にさかのぼり，この時代にはヨーロッパ各地での植民都市や都市の起源となる集落が建設された。アテネやスパルタなどのポリスと呼ばれる都市国家がエーゲ海沿岸において栄え，植民都市が黒海沿岸や地中海沿岸地域に広まっていった（Murphy et al., 2009）。古代ローマ時代になると，地中海沿岸やイタリアに加えて現在のフランス，ドイツ，オーストリア，スペイン，さらにはイギリス南部に都市が成立することになる（Pounds, 1969）。現在のフランスのパリにはルティティア *Lutetia*，スイスのチューリヒにはトゥリクム *Turicum* がそれぞれ建設され，発展の礎となった。また，古代ローマの領土の北限とされたライン川とドナウ川沿いには，防衛の要としての砦や駐屯地が置かれ，その一部は後に都市へと発展した。各地とローマとを結ぶ街道が整備されたことで，帝国内が経済的に結びつき，ローマ的な都市文化が各地に広まった。この時代に起源を求める都市名には，古代ローマ時代に広く使われたラテン語の地名に由来するものも多い[1]。4世紀になるとゲルマン人など北方の民族移動が活発となる一方で帝国は衰退し，政治的・社会的混乱に伴って都市人口は減少していき，都市の一部には廃

写真 2-2　ドイツ・ケルン中心部に立地する中世の面影を残すケルン大聖堂
カトリック教会の大聖堂であり，4世紀以降，何度か建て替えられており，現存の建物は1200年代から建設が開始され，1880年に完成した。大きな窓やステンドグラスが多用され，高さ30〜40階建てのビルに相当する157mの2つの尖塔が高さを強調するなど，ゴシック様式の特徴がみられる。2010年8月，筆者撮影。

棄された。

　民族移動に伴う混乱期を経て，中世に入ると，封建制が確立するなど社会が安定し，政治や宗教，さらに交易（商業経済）の中心地として，各地に都市が成立・発展していった（Hofmeister, 1999）。とくに，現在のドイツ，オーストリア，フランス東部，イタリア北部などを領土とした神聖ローマ帝国の支配領域となる，中央ヨーロッパにおいて都市が多数建設された。1050年〜1950年において中央ヨーロッパで成立した約5,300の都市を対象とすると，その73％は12世紀半ば〜15世紀半ばに建設されている（Stoob, 1990）。都市は封建領主の拠点としてだけでなく，宗教上の拠点として人口規模を拡大させた。キリスト教が信仰を通じた日常の生活規範として人々の生活に深く浸透していく中，フランスのトゥールーズやルーアン，ドイツのケルンやブレーメン，イタリアのミラノやヴェネチアなどには大司教座が置かれて都市発達のきっかけとなった（写真2-2）。

　また，この時期には農業生産性の向上に伴って社会全体に貨幣経済が浸透していき，都市は商業経済を中心に経済的に発展していった。地中海貿易やハン

ザ同盟などの北海沿岸での商業活動が活発となり，イタリアのヴェネチアやジェノバといった地中海沿岸の都市は，香辛料，宝石，絹織物といった交易の拠点として，また，北イタリアから北海沿岸にいたる内陸の都市は，銀や銅，毛皮，農産物などの貿易の中心として，さらにベルギーのブルージュ，ドイツのブレーメンやハンブルクといった北海沿岸の都市は，海産物，毛織物，木材などの取引の場として発達した。

　中世において，神聖ローマ帝国では，皇帝の王宮，領地管理所，城を核として成立した帝国都市と呼ばれる有力都市が，徐々に自立性を強めている。ドイツのフランクフルト，アーヘン，ニュルンベルクなどが代表例であり，皇帝から鋳造権，裁判権，課税権などの自治権が認められるとともに，堅牢な城郭や市壁が市街地を取り囲む形で建設され，その内部では市民生活の安全が保証された。都市内部での活発な商業活動は人口増加をもたらしており，これにあわせて市壁は拡大していった。

　1219年以降に帝国都市となったドイツ中部のニュルンベルクを例に，中世での都市発展をみてみよう。この地はもともと，中世の主要な都市であったケルンやフランクフルトと，チェコのプラハとを結ぶ東西方向の主要な街道の中間付近に位置していた。そのため，街道の警備を目的に，監視用の塔が現在の旧市街地北部の丘上に11世紀半ばに建設され，軍事拠点化されたことをきっかけに市街地が拡大し，徐々に都市へと発展した（図2-1）。また，この地は，東西の街道と，北イタリアから北ドイツへの南北方向の通商路とが交差する，交通の要衝であり，商品の中継や，近くで採掘された白銅の取引などの商業中心地としても重要度を増していった。商業が活発になると，商人だけでなく職人も増え，市街地は北から南へと拡張した。拡大した市街地には，増加した住民のため新たに教会が建設され，信仰の場として，また近隣住民が日常的に集う地域社会の中心としての役割を担った。

　中世までの都市の成立・発展に関する背景は，個々の都市ごとに異なるものの，社会・経済的発展を遂げた都市の多くには，空間構造に共通性がみられる。各都市は，軍事的・政治的拠点として，また，社会が徐々に安定していくに伴って宗教的中心地や商業核として中心性を増していく中で，後背地として

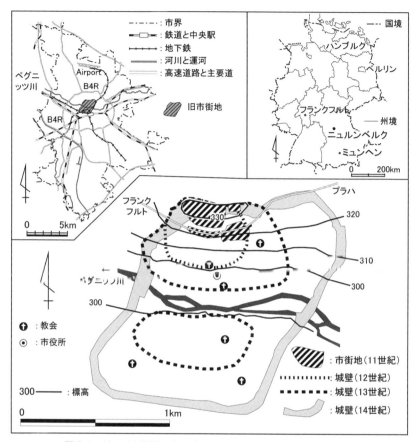

図 2-1　11～14 世紀におけるニュルンベルクの旧市街地の拡大
Otremba（1950）などをもとに筆者作成。

の周辺地域だけでなく遠方からも人や物を吸引し，都市人口を増加させている。都市の中心部には，政治や行政拠点としての王宮や城，また，自治の場としての市役所，社会的な支柱としての教会，商取引の場としての広場などが配置され，こうした空間は，現在に至るまで，いわゆる都心地区として機能している。歴史の古い都市の中心部は，旧市街地が歴史的地区であるとともに，行政，商業，文化施設のほか，金融や業務管理部門の建物が立地しており，現在も行政・商業施設の集積する都心地区として位置づけられることが多い。

さらに，都心地区である旧市街地の周辺には，産業革命期以降の工業化とともに成立した市街地である内帯が広がり，さらに外延に位置する郊外に新市街地が形成されており，都市内部での同心円的土地利用をみることができる。こうした特徴は，主に神聖ローマ帝国の支配領域であった地域で顕著であり，一時期，社会主義を経験した国や地域においても，ポーランド，チェコ，スロヴァキア，ハンガリー，ルーマニア西部といった歴史的にドイツ語圏から影響を受けた地域では同様の傾向を示す[2]（加賀美, 2010）。

2 近代都市の形成と発展

つぎに，ヨーロッパの都市が，産業革命期以降，近代都市へと大きく変貌していることを，工業化の進展，国民国家の成立・発展，および市街地の急速な拡大に着目してまとめていく。近代都市の成立と発展の背景には，まず産業革命という工業化の進展があったことを指摘できる。産業革命は，18世紀半ば以降にイギリスで本格化し，19世紀に大陸側のベルギー，オランダ，ドイツ，フランス，イタリアへと拡大した（Knox and McCarthy, 2005）。イギリスのペニン山脈西側やバーミンガムを中心とするミッドランド地方，またドイツ北西部のルール地域では，表層付近の比較的浅い地層に炭田が分布し，土木技術開発が不十分な段階から採掘が行われ，さらに周辺で産出する鉄鉱石と結びつくことで，いち早く工場や関連産業が発達した（Jordan-Bychkov and Jordan, 2002）。工業化が進展するに伴い，都市人口が増加し，市街地が拡大した。イギリスのマンチェスター，ドイツのエッセンやドルトムントといったルール地域の諸都市など，各地で工業都市が成立していく。

また，この時期にはフランス革命を典型とするナショナリズムが高揚し，近代国家（民族国家・国民国家）の成立過程の中で，都市は政治的中心地としても変貌を遂げていく。フランスでは19世紀にパリの人口が急増し，都市環境が悪化する中で（荒又, 2011），上下水道をはじめとする衛生環境の改善，街路や景観整備などを中心とする，いわゆるパリ大改造が行われ（北河, 1997），現在の都市の骨格を形作った。また，ドイツでは，19世紀初頭に神聖ローマ

帝国が名実ともに滅亡し，プロイセン中心のドイツ帝国が 1871 年に誕生すると，首都ベルリンが急速に重要度を増し，これに伴って交通網をはじめとするインフラ整備が急速に進んでいった。同様に，オーストリアのウィーンでは，18 世紀半ば以降，大通り整備，上下水道や市営住宅建設が行われ（田口，2008），これらの事業を通じて近代都市の基盤が形成されている。

さらに，工業化が進展し経済発展を遂げた各都市では，歴史的建築物の残存する旧市街地に社会・経済的施設が集積する一方，市壁・城壁の外側に位置した周辺地域が開発されることで，市街地が急速に拡大していった。ドイツでは，工業や商業などの経済的中心地として，ハンブルク，ハノーファー，デュッセルドルフ，ドレスデン，ミュンヘンなども 19 世紀〜20 世紀にかけて発展した。歴史的建築物の残存する旧市街地では，行政や商業施設が増加し，また，市壁・城壁の外側に位置する，かつて緑地や農地であった周辺地域には工場や工場労働者向けの住宅などが次々と建設されていった。たとえばニュルンベルクでは，帝国都市としての特権を失い，バイエルン王国へ編入された 19 世紀前半に工業化が本格化し，これに伴って，市壁に囲まれた人口 2.5 万を抱える 161 ha の市域は，1900 年には人口 26.1 万を有する 5,521 ha へと急速に拡大した（図 2-2）。当市では市壁は残存したが，多くの都市では市街地の拡大に対応して，もはや用済みとなった市壁が除去され，跡地には道路や公園，公共施設などが整備された。工場の多く立地する市街地周辺は，工業地区，工業労働者の居住地区，工場・住宅混在地区へと変化することとなる（写真 2-3）。

産業化の進展したヨーロッパ各国の主要都市でも，第二次世界大戦に至るまで工業化を背景として人口増加と市街地拡大が継続している。イギリスのロンドンでは 19 世紀から 20 世紀前半にかけて，工場や事業所が過度に集中することで，大気・水質汚染などが発生したり，インフラ整備の遅延による公衆衛生の悪化などが深刻化したりするなどの都市問題も深刻化した。都市人口の分散の必要性が指摘されるようになると，イギリスの社会改善運動家であったハワードは 19 世紀末，郊外に独立した新しい都市を建設・整備するためのアイディアとして田園都市構想を発表した[3]（村上，1996）。また，20 世紀前半にはニュータウン建設と土地利用規制を柱とする広域的な地域計画を通じてロン

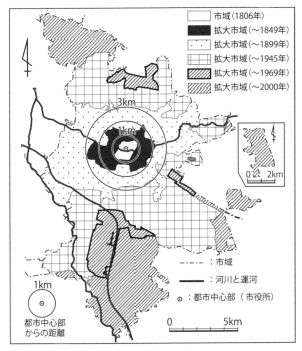

図 2-2 19〜20世紀におけるニュルンベルクの市域拡大
Stadt Nürnberg ed.（1999, 2000）: *Statistisches Jahrbuch der Stadt Nürnberg 1999*; 同 *2000* などをもとに筆者作成。

写真 2-3 ドイツ・ニュルンベルクにおいて産業革命期に建設された住宅地
産業革命期に工場が進出した旧市街地周辺に位置し，主に 4〜5 階建ての集合住宅が建ち並んでいる。19 世紀末に建設された当初は工場労働者向けの住宅であった。2015 年 5 月，筆者撮影。

ドンからの人口分散を進めようとする，大ロンドン計画も発表された。こうした近代的な都市計画や地域計画の仕組みも取り入れられながら，市街地が建設・整備されていった。

3　高度経済成長期までの都市拡大と転換期における都市空間

　第二次世界大戦後の高度経済成長期においても，日本や欧米各国では市街地拡大を典型とした都市拡大が継続する。しかし，高度経済成長が収束する1970年代前半以降，近代都市成立後にみられた都市の空間的拡大だけでなく，既成市街地内への再投資拡大を通じて都市の機能的・形態的変容が進展することになる。さらにまた，2010年代にかけて大都市圏レベルでの社会・経済的な再編が進展しており，この時期が都市空間の形成・変容プロセスにおいて転換期となっている。すなわち，都市中心部での衰退地域を中心に住宅改良や道路といったインフラ整備などの取り組みが行われ，都市空間が形態的に再構築され，加えて民間資本を含む多様な関係主体によって開発などの都市再編が活性化し，都市中心部を含めた都市空間全体，さらには大都市圏レベルにわたる社会的・経済的な変容が生じている時期として捉えることができる。

　まず，1970年代初頭までの高度経済成長期において，製造業に先導された工業化とそれに起因する都市化によって郊外開発が促進された。このことは，市街地が周辺部へと連続して拡大している点において，都市空間の外延的な拡大であり，それまでの傾向を引き継いでいるといえる。1950年代半ば〜1970年代初頭にかけて，日本と同様，旧西ドイツやイギリス，フランス，イタリアなどは高度経済成長期を迎え，製造業を中心とする工業化とそれに伴う市街地拡大が急速に進展することとなる。たとえば，旧西ドイツでは，就業構造において第2次産業の割合は，1970年代前半まで上昇し，この時期には失業率も極めて低い状態が維持されている（図2-3）。一部の都市では既成市街地の周辺や都市内の未利用地にニュータウンも建設され，都市への急速な人口流入に対応するなど，住宅供給の拡大を通じた都市部での住宅不足の解消が図られた（写真2-4）。旧西ドイツでは，既成市街地の住宅が再建されるとともに，

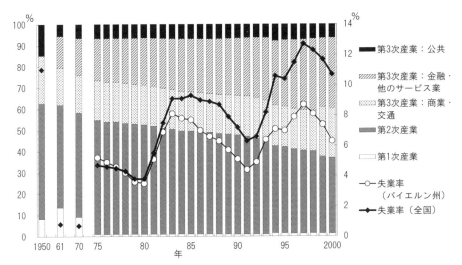

図 2-3 ドイツにおける産業区分別就業者数の割合と失業率の変化（1950 ～ 2000 年）
1950 年の「第 3 次産業：公共」は商業・交通を除いた数値に基づいている。失業率は年平均値である。また，1991 年以降の失業率の数値は，旧東ドイツの数値を除外して求めている。*Statistisches Jahrbuch 1952-2002 für die Bundesrepublik Deutschland; Amtliche Nachrichten der Bundesanstalt für Arbeit-Arbeitsstatistik 1970* などをもとに筆者作成．

写真 2-4 ドイツ・ミュンヘンで高度経済成長期に整備された大規模住宅地区
ノイペラッハ Neuperlach は，ミュンヘン中心部から南東およそ 6 km にある住宅地区であり，1967 年に着工されて以降，1960 年代～ 1970 年代に大規模に開発された。人口はおよそ 5.5 万となっており，中・高層集合住宅のほか，スーパーなどの商業施設，学校や運動場などの教育文化施設のほか，研究開発や情報技術，金融サービス，不動産などのオフィスも立地する．2010 年 8 月，筆者撮影．

郊外において住宅地が新たに開発された。その結果，1970年代初頭までに住宅ストックは住宅需要を上まわり，需給バランスが回復した（McCrone and Stephens, 1995：45-48）。大場（2019a）によれば，ドイツにおいては，1960年代以降，住宅の大量供給を通じて，東西ドイツ統合の直後1990年代を除いて，2000年代初頭まで需給構造は緩和傾向にあったとされる[4]。

　高度経済成長は1970年代初頭に収束することになるが，この時期までに住宅戸数の需給構造の改善を代表として都市内部の建築物の量的充足が進展した。これ以降，経済低迷とこれに伴う都市経済構造の変化，都市人口増加の鈍化と新市街地開発の停滞といった状況が生じ，都市の空間的拡大の勢いに陰りがみえる一方，既成市街地内部では，再投資による都市の機能的・形態的な変化が促進されるようになる。1970年代前半は，都市空間の形成・変容プロセスにおいて一つの転換点となっており，この時期以降を転換期とみなすことができる。

　転換期における都市空間の3つの特徴を指摘できる。第1に都市内部の経済構造の変化に伴う個々の都市空間の再編の進展であり，主要産業の盛衰が都市中心部の土地利用や機能を変質させている。1970年代前半以降，経済の低成長の中で経済活動の中心が工業からサービス業へ徐々に転換している（図2-3参照）。都市内部では脱工業化が進展し，サービス・商業施設部門が拡大する一方，第3次産業が伸張し，これに伴って都市中心部において業務管理部門のオフィス立地も顕著になっている。ドイツ・ニュルンベルクでは，1970年代以降に鉄鋼業や繊維業といった伝統的な製造業の一部が域外へと移転し，運輸，エネルギー，通信業や，コンサルタント，企画，市場調査といったサービス業等の企業が増加し，地域経済において重要な役割を担うようになった（Amt für Stadtforschung und Statistik, 1996：25-28）。これらを背景として主に都市中心部にオフィスなどの事業所が立地し，歴史地区でもある旧市街地およびその周辺の土地利用が再編され，都心部の経済的・社会的な中心性が維持され向上していくこととなる。さらに都市内部の一部地区では公的事業を通じた空間的再編が進展することで，都市周辺の住宅地としての性格や機能も維持されている（「第5章　公的事業を通じた都市衰退地域の変容」を参照）。

転換期の都市空間の2つ目の特徴は，2010年代にかけて個々の都市だけでなく，大都市圏の社会的・経済的環境が大きく変貌している点であり，1970年代前半から2010年代にかけての期間を都市空間の形成・変容プロセスにおける転換期と設定できる。国やヨーロッパ全体といった広域での都市間競争が激しさを徐々に増す中，個々の都市空間の再編が進展している。同時に，大都市を中心とする都市間連携が深化・拡大しており，大都市圏レベルでの空間的再編が進捗することになる。1970年代前半以降の主要産業の盛衰は，都市中心部の土地利用やこれに伴う機能を変質させており，とりわけ製造業を中心とした都市発展がみられたドイツのライン・ルール地方では，就業構造に代表される産業構造の転換は，2010年代に都市空間を大きく変貌させている（「第4章　ドイツの大都市圏の再編とマルチスケールな都市・地域間連携」を参照）。同時期には，大都市を中心とする都市間連携が深化・拡大しており，連携組織の活動を通じた協働での事業が進められており，複数の都市からなる都市圏や大都市圏レベルにおいて経済的・社会的環境が再編されている。産業構造の転換，都市における建築環境の量から質への転換を背景として，各国ではスケールメリットを求めて，大都市を中心とする都市間連携が進む。これと同時に，各都市は経済的優位性を求めて競争する状況に置かれ，商業地域の再開発やオフィス地域開発といった経済機能の強化へ向けた都市再開発など，都市自体の魅力向上をめざす取り組みを加速させることになる。たとえば，1970年代以降のヨーロッパ諸都市では，文化政策を通した都市再生が図られており（Landry, 2000），文化的活動や産業構造の転換を通じて都市空間を再構築しようとする取り組みといえる。また，EU（欧州連合）も，都市内の問題地域の改善や都市の競争力を高める仕組みを模索している[5]。そうした個々の都市の間にみられる競争・競合の進展と同時進行で，都市間連携においては各国でさまざまな仕組みが構築され，広域での社会・経済的な協力・連携が図られることで（飯嶋，2007），地域全体としての魅力向上も目指されることになる。地域連携は，EUレベルでの国境を越えた都市や地域間連携にとどまることなく，国家，地域の空間スケールでも積極的に取り組まれている。フランスでは，2000年代に入り，国が主導してパリを中心とする大都市圏であるグラン・パリが定められ，空間

整備計画の枠組みとして機能し（赤星ほか，2011），大都市圏の国際競争力強化に向けた運用が行われている。ドイツでも，全国的な規模や，各州単位での大都市間や大都市圏内での都市間や地域間の連携が進められている（「第3章　都市システム－ヨーロッパの中軸地域」を参照）。広域での鉄道路線や道路網の整備や，連携組織の活動を通じた協働での事業が進められ，複数の都市からなる都市圏や大都市圏の経済的・社会的環境が再編されている。

　転換期の都市空間の3つ目の特徴は，都市形成・変容プロセスにおける量から質への転換であり，都市空間の質的改善へ向けた取り組みの拡大として理解できる。高度経済成長期における急激な市街地拡大は，住宅需給の均衡をもたらしただけでなく，人口の郊外化も促進しており，このことは都市中心部周辺の衰退地域の拡大という，都市を形態的に変化させる一因となった。旧西ドイツでは1960年代以降，ドイツ人の中心都市から郊外地域への人口の郊外化が進行した（Eckart, 2000：87-91）が，この時期には外国人労働者が急増しており，都市中心部周辺の低家賃である改修の不十分な建築物[6]に入居する傾向にあった（Müller, 1985：381-383）。1970年代には都市内部における外国人労働者の特定地域への集積と，それに付随する問題も社会的関心事となった（山本，1995：134-141）。これらの特定地域では，外国人の集積や人口高齢化といった人口構造上課題や，犯罪などの治安への不安，小売店舗などの商業施設の減少といった社会・経済的な停滞とともに，建築物の形態的衰退も同時に進行する状況が生じていた。

　こうした都心周辺地域を代表とする特定地域で進行した居住環境の悪化，すなわち住宅の機能的・形態的劣化と社会的衰退は，既成市街地内の住宅地域への再投資が必要であることを広く社会に認識させ，公的事業を活用した市街地内部の形態的・機能的な再編が進展する契機となった（第5章を参照）。都市空間の質的改善へ向けた取り組みでは，停滞状況へ対処すべく導入された公的事業だけにとどまらず，個人や各種団体，民間企業による民間投資が喚起され，事業実施地区を中心としながら，都市内の広い範囲におよぶ機能的・形態的な変化をもたらすことになる（第6章を参照）。

4　小括

　本章では，ヨーロッパにおける都市基盤の成立という観点から都市空間の再編へ至る背景を歴史的に概観した後，都市の空間的拡大，および機能的・形態的変容の進展を検討した。検討を通じて1970年代前半は，都市空間の形成・変容プロセスにおいて一つの転換点となっており，この時期以降を転換期とみなすことができた。

　転換期における都市空間の3つの特徴を指摘できる。第1に，都市内部の経済構造の変化に伴う個々の都市空間の再編の進展である。主要産業の盛衰が都市中心部の土地利用や機能を変質させている。都市内部では脱工業化が進展し，サービス・商業部門を始めとする第3次産業が伸張し，とくに都市中心部の土地利用やこれに伴う機能を変質させていた。2つ目の特徴は，2010年代にかけて個々の都市空間だけでなく，大都市圏の社会的・経済的環境が大きく変貌している点である。この点において，1970年代前半から2010年代にかけての期間を，都市空間の形成・変容プロセスにおける転換期と設定できる。国やヨーロッパ全体でみた場合の広域での都市間競争が激しさを増す一方，大都市を中心とする都市間連携が深化・拡大する中で，連携組織の活動を通じた協働での事業が進められ，複数の都市からなる都市圏や大都市圏レベルにおいて経済的・社会的環境が再編されている。3つ目の特徴は，都市形成・変容プロセスにおける量から質への転換であり，都市空間の質的改善へ向けた取り組みの拡大がみられる。高度経済成長期には急激な市街地拡大の一方で，都心周辺地域を代表とする特定地域では，住宅などの機能的・形態的劣化と社会的衰退が進行し，公的事業を活用した市街地内部の形態的・機能的な再編が進展する契機となった。都市空間の質的改善へ向けた取り組みでは，停滞状況へ対処すべく導入された公的事業だけにとどまらず，個人や各種団体などによる民間投資が喚起され，事業実施地区を中心としながら，都市内の広い範囲が機能的・形態的に再編されていくことになる。

注

1) ラテン語に由来する都市名の事例は数多いが，たとえば，ドイツのケルンはラテン語のコロニア・アグラピナ *Colonia Agrippina* から派生しており，またイギリスのロンドンは同じくロンディニュウム *Londinium* から転じたとされる（Merriam-Webster Inc. ed., 1988）。
2) 中欧・東欧諸国のうち，市街地形成の時期が古い都市では同心円的土地利用をみることができる（伊藤，2021）。これらの都市の中心には，歴史的地区である旧市街地がまず形成され，その後，旧市街地を取り囲む形で，近代以降の市街地が広がっている。社会主義時代において，これらの市街地の周辺部に工業地区が計画的に配置した都市開発が進められ，その周辺部には集合団地も建設されているものの，全体としてみると同心円状の都市構造は維持されている。
3) 田園都市論では，都市と農村を融合させた新しい形態の都市を建設することが提唱され（村上，1996），田園都市の考え方を取り入れたレッチワース *Letchworth* が，ロンドンの北に建設された。藤井（2015）は，田園都市の構想が「20世紀における世界の郊外開発に多大な影響を与え，さらに21世紀のまちづくりにおいても参考となる」と評価している。
4) 住宅の大量供給を通じて，東西ドイツ統合後の1990年代末には，供給過剰の状態となり，旧東ドイツでも空き家の増加がみられる（大場，2019b）一方で，大場（2019b）は，一定の人口属性を有する集団（18～29歳の学生・新規就業者や高所得世帯）が成長都市圏の都心周辺地区に転入するという選択的な人口移動（再都市化）が生じていることを指摘している。
5) EU（欧州連合）では，都市が地域や国，ヨーロッパの経済的発展の原動力である一方，環境問題や社会的格差などが存在する地域であるとの認識のもと，アーバン *URBAN* やインターレグ *Interreg* などの補助金が整備されてきた。問題をかかえた都市は，補助金を活用しながら，さまざまなかたちで都市の更新と再生をはかっている。たとえば工場跡地の再開発を進めることで雇用を創出し，また中心商店街の活性化を進め，さらに二酸化炭素低減へ向けた交通システムを導入するなどの事例が知られている（岡部，2003）。ただし，EUによる事業は予算や件数ともに限界があり，影響は限定的であるため，都市の更新や再生へ向けた取り組みは，おもに各国政府が担うことになる。
6) 本稿では，いわゆる「老朽化」が経年変化に伴う単なる物理的・機能的劣化を意味する場合があることを考慮し，「老朽化」に加えて高齢化や外国人等の中・低所得者層の集積を典型とした社会的な停滞現象のみられる建築物を衰退建築物とした。本稿での「衰退」概念はLichtenberger（1990：14-17）による都市衰退 *Urban decay*（ドイツ語の *Stadtverfall*）の考え方をふまえ，単なる物理現象としての老朽化のみならず，社会・経済・建築物上の危機的状態を包含している。

第3章

都市システム
—ヨーロッパの中軸地域—

　本章では，ヨーロッパにおける都市空間を，都市の集積した中軸地域に着目しながら，都市間の相互関係である都市システムという広域的観点から概観する。この地域では古くから政治的・宗教的・経済的拠点として都市が成立・発展し，都市を中心として文化が育まれ，多様な社会が形成されてきた。現在においても都市は多くの人口をかかえ，この地域のあらゆる活動の中心に位置づけられる[1]。大都市を中心に中小を含めた多くの都市から構成された都市圏や大都市圏が形成されるだけでなく，大都市は，経済的優位性を求めて都市間競争を繰り広げている。本書の主テーマである都市空間の再編の前提となる，各都市の社会・経済的特徴を捉えるには，個々の都市レベル，都市の立地している地域レベル，国家やEU（欧州連合）レベルといった異なる空間スケールにおける都市間関係を理解し，その上で，各都市の相対的な位置づけを確認しておくことが肝要であろう。本章では，ブルーバナナ概念に基づく中軸地域を設定した上で，ヨーロッパにおける都市空間を広域的・巨視的な観点から概観し，都市空間の再編の背景となる都市間の相互関係としての都市システムを捉えてみたい。

1　ブルーバナナ概念に基づく中軸地域

　ヨーロッパでは国家の枠組みを超えた協力関係の構築や，経済的な地域間格差の是正へ向けた取り組みが断続的に続けられてきた。とくにEUの発足以降，これらの取り組みを通じて，域内の人・モノ・資本・サービスの流動が活性

写真 3-1 ブルガリアの農業地域における乳牛放牧
ブルガリアは，耕地が国土の約 3 割を占める農業国であり，主要産業は農畜産物生産となっている。小麦や大麦などの穀物生産に加えて，チーズやバターなどの乳製品の生産も盛んであり，放牧の様子をみることができる。また，農村部での日常的な移動や物資の運搬では馬車が用いられることもある。2008 年 9 月，筆者撮影。

化し，これに伴いヨーロッパの中心・中軸地域と，周辺（縁辺）地域はともに，経済的・社会的・文化的にも変化している。こうした変化に対応し，地理学分野においても，国境をまたぐ通勤などの人口移動に代表される空間動態の変化を扱った研究（伊藤，2016）などの成果がみられる。ただし，周辺地域における社会・経済的変化を扱った研究（伊藤，2011a）で指摘されているように，EU 統合下においても，中・東欧地域など EU の周辺地域での経済的発展は限定的であり（写真 3-1），ヨーロッパの中心・中軸地域との経済的格差が縮小しているわけではない。

　社会経済的格差の背景は，さまざまな観点から分析されているが，その根本として，工業化の進展の違い（Knoxs and McCarthy, 2005）や，社会・経済的機能の地域的な偏在（Lichtenberger, 2005）などが指摘されている。もともと，大企業の本社・支社，各種行政機関，大学や研究所といった社会・経済・文化的機能は，人口集積地としての都市に集中する傾向にある。ヨーロッパでは都市が密に立地する地帯としての中心・中軸地域が形成されており，これを代表する概念には，Brune（1989）による「ブルーバナナ」がある。本章は，ブルーバナナ概念に基づく中軸地域を設定した上で，近年における人口と大都市圏の

分布に着目した。

　ブルーバナナは，ヨーロッパの社会・経済・文化的な中心・中軸地域に関する基本概念であり，高い人口密度の連なる都市集積地域とされる。その呼称は，EU のシンボルカラーである青と，その形状が似ているバナナとに由来する。この中軸地域は，イギリス南部からベネルクス三国，ドイツ・フランス国境に沿いながらスイスを経て，北イタリアに至る湾曲した形状として表現されている。中軸地域と遠方の縁辺に当たる周辺地域とを地図上で区分し，将来的な発展軸も示したことによって，地域全体としての地域政策や経済発展の可能性に関する議論を活性化したと評価されており（岡部，2004），Faludi（2015）など，多くの文献で紹介されている。ただし，概念図の中軸地域に関する人口や面積などの基本的な数値が示されている訳ではなく，大都市の集積や，人口密度の高さなどに基づいて大まかな範囲として理解されてきた。

　このため，本章では概念図に基づく中軸地域を設定し，それらの人口や都市の分布を検討した。まず，Brune（1989）の概念図をラスターデータ（画像）として電子化し，これを ESRI 社の GIS ソフトウェアである Arc Map© のジオレファレンス機能を用いて，緯度経度などの地理的情報を付与されたベクターデータ上で表示させた。その後，中軸地域の範囲となる空間データを構築し，これに基づいて以下の空間的な分析単位での人口分布に関する情報を集計・分析した。

　人口分布に関する空間的な分析単位は，EU の統計部門である Eurostat（以下，Eurostat）が整備・公開し，地域統計の集計単位となっている NUTS と呼ばれる区分[2]のうち，地域政策を実施する基本地域としても活用されている NUTS2 とそれに相当する区域とした。分析単位となる NUTS の地図上での境界に関するデータや，それぞれの区域内での社会・経済などの統計データは，GISCO-Eurostat（2018）が公開しているものを用いた[3]。分析の対象年次は 2015 年である。なお，Eurostat の地域統計では，最小の集計単位は NUTS3 であり，主要都市や郡などの実質的な行政サービスの単位に基づいて NUTS3 を設定している国や地域も多い。しかし，こうした考えに基づいた NUTS3 は，必ずしも全ての国や地域において整備されているわけでなく，ヨーロッパ全体

をカバーする，統一的なデータとしては不完全であるだけでなく，実質的な都市や大都市圏を明瞭に特定するための分析単位としては適切ではないため[4]，本章ではNUTS2を分析単位として，中軸地域とその他地域における人口分布に関する情報を分析した。

　実質的な都市や大都市圏ごとの空間的な分析単位としては，大都市 *Greater Cities* や機能都市地域 *Functional Urban Area* という 2 つの地域が設定されている。大都市と機能都市地域はいずれも，人口集積のみられる中心都市，および中心都市と通勤流動で結び付く周辺の自治体から成り立つ地域とされる（GISCO-Eurostat, 2018）。前者は，行政域を越えて都市域が連担した（コナベーションによる）実質的な都市域として解釈でき，後者では，機能都市地域のうちで人口規模が大きいものについては，大都市圏とみなすことができる[5]。このため，本章では，とくに 2015 年における人口 100 万以上の機能都市地域に注目し，それら大都市圏の分析を通じて，ヨーロッパの中軸地域における大都市圏の分布の特徴を考察する。

　なお，NUTS 各レベルの地図上での地域の境界や，それぞれの区域内での社会・経済などの統計データ *GISCO NUTS 2013* は，2003 年以降に正式に採用され，数年おきに更新されている。2018 年 1 月時点における本データは，2013 年以降に更新され，2015 年 1 月から正式に公開・利用されているため，2013 年 EU 加盟のクロアチアに関する一部の統計が欠落している。一方，本章で主に分析対象とした年次は 2015 年であり，この時点における EU 加盟国は，2020 年 1 月に離脱するイギリスを含む 28 カ国であり，本データではこれに加えて，近隣に位置するアイスランド，リヒテンシュタイン，ノルウェー，スイスの EFTA4 加盟国の情報が含まれている。さらに，トルコ，モンテネグロ，セルビア，マケドニア，アルバニアの EU 近隣国については，一部の年次や調査項目に関するデータが NUTS の区分に対応して開示されている。こうしたデータの整備状況を踏まえ，EU の近隣国のうち，地域データが未整備であるマケドニアとアルバニアを除外し，2015 年におけるイギリスを含む EU 28 カ国，EFTA 4 カ国，周辺 3 カ国（トルコ，モンテネグロ，セルビア）の合計 35 カ国を取り上げ，NUTS2 とそれに準ずる区域で 320 件を本章での分析対象にした。分析

第3章 都市システム　41

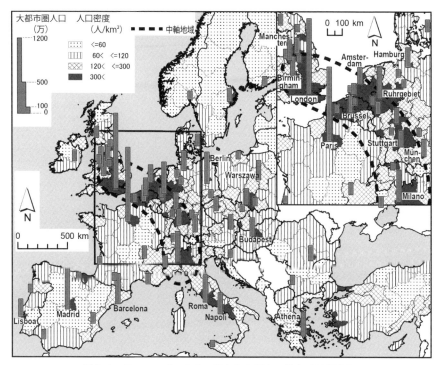

図 3-1　ヨーロッパでの人口密度と大都市の分布（2015 年）
GISCO-Eurostat（2018）Administrative boundaries: ©EuroGeographics ©UN-FAO ©Tukstat を
もとに筆者作成。

対象とした 35 カ国からなる全体（以下，対象域全体）は，図 3-1 に示した。

2　人口分布の偏在傾向

　まず，NUTS2 を分析単位とする人口分布に着目しながら，対象域全体，および中軸地域をみると，中軸地域に人口が集中する点が特徴となっている。対象域全体 35 カ国の NUTS2 の 320 件を概観すると，2015 年での総面積は 575.2 万km²であり[6]，人口は 6 億 266 万となり，平均すると NUTS2 の 1 件当たりの人口は，188.3 万である。（表 3-1）。アメリカ合衆国（面積 962.9 万km²，人口 3.2 億。2015 年の数値，以下同様）と比較すると，面積は約 6 割程度にとどまるものの，

表 3-1 ヨーロッパにおける中軸地域の人口の特性（2015 年）

項目	地域		全体		中軸地域		他の地域	
面積		単位：万km²	575.1	(100.0%)	70.7	(12.3)	504.4	(87.7)
人口		単位：100万人	602.7	(100.0%)	188.0	(31.2)	414.7	(68.8)
		単位：人/km²	104.8		265.8		82.2	
人口密度	<=60	単位：件 (%)	59	(18.4)	3	(3.2)	56	(24.9)
	60< <=120		93	(29.1)	9	(9.5)	84	(37.3)
	120< <=300		90	(28.1)	37	(38.9)	53	(23.6)
	300<		78	(24.4)	46	(48.4)	32	(14.2)
	合計		320	(100.0%)	95	(100.0%)	225	(100.0%)

GISCO-Eurostat（2018）より作成。

人口規模は約2倍に達する。低平で温暖な気候の地域が多く含まれ，古くから農業や各種産業などが発展し，広範囲に居住地が形成されたことを背景に，中軸地域では人口増加に伴って都市発展・集積がすすんだ。

ただし，低人口密度地域が含まれており，人口の分布では地域的な偏りがみられる。このため全体としての人口密度は，日本，および一部のアジアの開発途上国などよりも低く，世界的に見た場合，全体として極めて高密度であるとまではいえない。対象域全体の人口密度は，平均で104.8人/km²となり，イギリスを含めたEU 28カ国に限ってみても117.1人/km²にとどまる。対象域全体での値は，寒冷地や乾燥地といった居住不適地を多く抱えるアメリカ合衆国（33人/km²）の3倍強となるが，日本（335人/km²）やインド（390.1人/km²）の3分の1程度となる。人口密度は，高緯度や高高度などの寒冷な地方，地中海沿岸などの乾燥地域や中・東欧地域などで低くなっている。人口密度の低さは，自然環境や，経済発展の遅延などの社会経済的環境などと関連しており，とくに中・東欧地域においては経済開発の遅延が人口増加を阻害している傾向をよみとれる。

次に，本章で設定した中軸地域の特徴をみてみたい。中軸地域は，イギリス南部から北イタリアにかけての10カ国[7]に広がる，湾曲した形状であり（図3-1），対象域全体の1割ほどの限られた面積に人口が集中している。中軸地域に含まれるNUTS2は95件であり，その面積は70.7万km²，人口は1.9億となっている。このため，35カ国からなる対象域全体と比較すると，中軸地域の面積は，

1割強にすぎないものの，人口の3分の1が居住している。

　この中軸地域の人口は高密度であり，人口の集積軸となっている。表3-1にある通り，中軸地域の人口密度は，265.8人/km²であり，対象域全体の値（104.8人/km²）の2.5倍あまりとなっている。中軸地域を除いた他の地域の値（82.2人/km²）と比較すると，約3倍の値となっている。中軸地域が人口の集積地帯となっているという特徴は，人口密度において対象域全体の値を下まわる地域が僅かしかみられない一方，多くの地域が対象域全体の人口密度の値を上まわることにも現れている。中軸地域に含まれる95件（100%）のうち，対象域全体の人口密度相当とそれを下まわる120人/km²以下の件数が，12件（12.7%）のみであるのに対して，対象域全体の人口密度を上まわる120人/km²超の件数は，83件（87.3%）と大多数を占めており，中軸地域は全体として高人口密度の地域となっている。

3　空間的分布からみた都市の偏在

　また，中軸地域には，都市，特に大都市が偏在している点を確認したい。中軸地域では，産業革命以降，工業化が大規模かつ急速に進展し，近年も技術革新に先導された先端技術産業が発達し，情報通信産業の成長も著しい。また，多くの多国籍企業の本社・支社や，主要な政治や文化的施設も集積しており，様々な産業や社会・経済・文化施設が立地することによって，大規模な都市が多数発達してきた。本章では，既述の機能都市地域のうち，人口100万以上をかかえたものを大都市圏として捉え（注5）を参照），機能都市地域の全体，および人口100万以上の大都市圏の分布を集計すると，中軸地域には大都市圏が集中しているといえる（図3-1参照）。

　まず，35カ国からなる対象域全体において設定された機能都市地域の総数は，666件[8]である。このうち人口100万未満の都市が，全体の約9割を占めており，機能都市地域は，中小規模の都市圏を中心に構成されている[9]。100万未満の都市圏は，中心都市と少数の周辺自治体から成立する比較的コンパクトな形状となっている。

一方，人口100万以上の機能都市地域である大都市圏62件を国別にみると，ドイツ13件，イギリス8件，フランス6件，イタリアとスペインが各5件，ポーランド4件，オランダ3件，チェコ・ベルギー・ポルトガルが各2件と続いており，人口や経済規模の大きな国々において大都市圏が発達している。社会主義の経済体制を経験した，中・東欧諸国では，社会主義下の工業国として知られたポーランドとチェコにおいて複数みられる一方，クロアチア，ハンガリー，ブルガリア，ルーマニアはそれぞれ首都の1件が該当するのみであり，大都市圏は特定の区域で限定的に発達している。また，デンマーク，ノルウェー，スウェーデン，フィンランドの北欧諸国や，中軸地域から遠距離に位置するアイルランドやギリシアなどの人口と経済規模の比較的小さな国々，スイスやオーストリアなどの山がちな国土の国々では，それぞれ首都や特定の経済的都市を中心とした圏域が，100万超の大都市圏に該当する。

　また，人口100万以上の大都市圏である62件には，中心都市自体が単独で巨大な人口を抱えているものも含まれているが，後述の通り，中心都市と機能的に密接に結合した周辺地域のみられる大都市圏が多くみられる。人口規模の順位をみると，とくに人口規模が巨大な地域は，ロンドンとパリそれぞれの大都市圏であり，いずれも1,000万を超える人口を抱えている（表3-2）。両大都市圏は，国内だけでなく，多数の金融機関などの経済的施設，国際機関を含めた政治的施設，観光資源ともなる文化的施設などが立地する世界都市でもあり，対象域全体としても中心的な役割を果たす。ついで，マドリード（664.4万），ミラノ（509.8万），ベルリン（506.6万），ルール地域（505.5万）の順位となっている。いずれも，各国の首都や経済都市を中心に形成された大都市圏や，ルール地域のように工業都市の連担した大都市圏となっている。ただし，中心都市と周辺都市との人口の比率からみると，大都市圏の形状には差違が認められる。中心都市の人口が機能地域全体に占める割合をみると，ロンドン，ベルリン，ローマ，ハンブルク，ワルシャワ，ブダペスト，ミュンヘンで50％を超える値となり，単独で巨大な人口を抱えている大都市圏となっている。一方，その他では，中心都市以外の地域の割合が高くなっており，中心都市と機能的に密接に結合した周辺地域が形成されている大都市圏と考えることができる。

表 3-2　ヨーロッパでの人口規模からみた大都市 (2015 年)

順位	中軸地域	大都市圏（機能都市地域）名称	人口（万人）	中心都市 名称	人口（万人）	機能都市地域に占める割合(%)
1	○	ロンドン	1,209.9	London (greater city)	860.6	(71.1)
2		パリ	1,192.6	Paris	222.0	(18.6)
3		マドリード	664.4	Madrid	314.2	(47.3)
4	○	ミラノ	509.8	Milano	133.7	(26.2)
5		ベルリン	506.6	Berlin	345.0	(68.5)
6	○	ルール Ruhrgebiet	505.5	Essen	57.4	(11.4)
7		バルセロナ	491.4	Barcelona	160.5	(32.7)
8		ローマ	441.6	Roma	287.2	(65.0)
9		アテネ	382.8	Athina	66.4	(17.3)
10		ナポリ	342.2	Napoli	97.8	(28.6)
11	○	マンチェスター	328.0	Manchester	52.5	(16.0)
12		ハンブルク	320.2	Hamburg	176.3	(55.1)
13		ワルシャワ	310.1	Warszawa	173.5	(56.0)
14	○	バーミンガム West Midlands urban area	302.7	Birmingham	110.6	(36.6)
15		ブダペスト	294.8	Budapest	175.8	(59.6)
16		リスボン	281.1	Lisboa	50.9	(18.1)
17	○	ミュンヘン	280.4	München	143.0	(51.0)
18	○	アムステルダム	275.0	Amsterdam	81.1	(29.5)
19	○	シュトゥットガルト	269.4	Stuttgart	61.2	(22.7)
20	○	ブリュッセル	261.1	Bruxelles / Brussel	119.7	(45.8)

中心都市の名称は原則として基礎自治体（〜市）としたが，ロンドンは大ロンドン。パリは 2014 年，アテネは 2011 年，中心都市のアムステルダムは 2014 年それぞれの数値。GISCO-Eurostat（2018）より作成。

　さらに，中軸地域は，大都市圏のみならず，規模の異なる都市が多数集積する地域であり，社会・経済・文化などのあらゆる側面において重要な役割を果たす地域となっている。中軸地域に焦点を当てると，100 万以上の機能都市地域 62 件のうち，22 件が中軸地域に集中している（図 3-1 参照）。イギリス南部や，オランダ，ドイツなどにおいて，複数の大都市圏が近接して立地する。また，人口規模の上位 20 の大都市圏に限ると，中軸地域に含まれるものは 9 件であり，イギリスのマンチェスター，バーミンガム，ロンドン，オランダのアムステルダム，ベルギーのブリュッセル，ドイツのルール地域，シュトゥットガルト，ミュンヘン，イタリアのミラノそれぞれの大都市圏となっている。いずれも，首都

として政治経済的施設や，国際的機関が立地した政治経済都市，また伝統的な商工業都市として巨大な都市圏を形成し，国や地域において中心的な役割を果たすだけでなく，国際的にも大きな影響力を有している。

　また，中軸地域内では，上記の大都市圏のみならず，中小規模の都市圏も多数成立しており，規模の異なる多くの都市が通勤・通学，消費，物流，金融，情報といったさまざまな社会・経済活動で重層的に結びついている。中軸地域は，古くから主要産業が集積する工業地域として，また人口の集まる消費地として，さらに大企業の本社・支社，各種行政機関，大学や研究所といった社会・経済・文化的中心として，ヨーロッパの発展軸に位置づけられてきた。しかし，1970年代以降のエネルギー革命により内陸型工業地域の優位性が薄れるとともに，地中海沿岸のいわゆる「ヨーロッパのサンベルト」地域や北海沿岸地域における工業化，さらには国際競争の激化などによって，製造業の衰退が進み，ドイツのルール地域のように高い失業率や人口減少といった社会・経済的な課題をかかえた地域もみられる（伊藤，2013）。このため，転換期を迎える1970年代以降，とくに1990年代以降の都市間競争が進展する中で，経済的・社会的な魅力を向上させるための都市再生が多くの都市で導入されている。

　中軸地域の近隣では，パリやベルリンなどの首都機能を背景にした政治・経済的な大都市や，ナポリやハンブルクなどの商業・工業都市が成立している。これら大都市は，中軸地域と社会・経済的に結びついており，人口を維持している。一方，北欧や地中海沿岸の地域などは，中軸地域から空間的に離れており，大都市圏自体も少数にとどまる。首都などの特定の大都市が国民経済の中心として機能しており，それらを頂点として規模の異なる都市が階層的に結合する都市間関係が各国内で構築されている。

4　小括

　本章では，EUでのNUTS2とそれに相当する区域に着目し，「ブルーバナナ」概念に基づいてヨーロッパの中心軸地域の範囲を設定した上で，広域的観点から都市間の相互関係である都市システムを概観した。近年における人口の地域

差と都市分布から中軸地域の地域的特徴として，まず，本章で対象とした地域では全体として人口密度が高く，人口の偏在が認められる。とくに人口集積が進んでいる地域が，イギリス南部から北イタリアにかけての湾曲した形の中軸地域である。中軸地域には，対象域全体の1割強の土地に，人口の3分の1が居住している。また，中軸地域の人口密度も高く，中軸地域が人口の集積軸となっていた。

次に，人口100万以上の機能都市地域を大都市圏として捉え，その分布をみると，人口や経済規模の大きな国々において大都市圏が発達し，とくに中軸地域には大都市圏が集中している。国別にみると，ドイツ，イギリス，フランスなど，人口や経済規模の大きな国々において大都市圏が多く発達している。とくに巨大な大都市圏は，ロンドンとパリであり，いずれも人口は1,000万を超えている。そのほかにも，マドリード，ミラノ，ベルリン，ルール地域などの人口500～600万の大都市圏が続く。いずれも，各国の首都や経済都市を中心に形成された大都市圏や，ルール地域のように工業都市の連担した大都市圏となっている。

中軸地域には，人口100万以上の大都市圏が，イギリス南部，オランダ，ドイツなどで近接して立地しているだけでなく，中小規模の都市圏も多数成立しており，規模の異なる多数の都市がさまざまな社会・経済活動で重層的に結びつき，地域全体として都市の集積地域となっている。中軸地域に立地する人口規模の上位20の大都市圏は，マンチェスター，バーミンガム，ロンドン，アムステルダム，ブリュッセル，ルール地域，シュトゥットガルト，ミュンヘン，ミラノそれぞれの大都市圏であった。いずれも，首都として政治経済的施設や国際的機関が立地する政治経済都市，また伝統的な商工業都市として人口が拡大している。中軸地域は，大都市圏などの諸都市が多数集積する地域であり，社会・経済・文化などのあらゆる側面において重要な役割を果たす地域となっており，転換期，とくに1990年代以降の都市間競争が進展する中で経済的・社会的な魅力を向上させるための都市再生が多くの都市で導入されている。

本稿では，人口密度と都市分布という限られた側面から分析し，いずれにおいてもヨーロッパの中軸地域としての特徴を定量的に明らかにすることができ

た。一方で，資料的な制約から特定の時期のみの分析であることや，第二次世界大戦後の経済発展において重要な役割を果たした地中海沿岸のいわゆる「ヨーロッパのサンベルト」地域を考慮していなかった。これらは今後の課題としたい。

注

1) 国連の報告書"The 2018 Revision of World Urbanization Prospects"によれば，ヨーロッパでの都市人口の割合は，2015年で73.9%であり，世界的にみても都市化の進展した地域といえる。この値は，北米（アングロアメリカ）の81.6%，中南米（ラテンアメリカ）の79.9%に次ぐ水準であり，アジア48.0%やアフリカ41.2%などの地域よりも大幅に高くなっている。各国には，首都をはじめとする大都市や，中小規模の都市が多数立地しており，これらの都市は，近隣地域の行政・経済・文化的な拠点や交通網の結節点として機能している。

2) NUTSの区分は，人口や面積に応じて異なるレベルが設定されているものの，人口規模や面積は，一定の目安となっており，実態として区分の基準は必ずしも厳格ではない。ほぼ国または広域行政域をカバーし，人口300万〜700万であるNUTS1から，州や日本での都道府県などに該当し，EUでの地域政策を実施する基本地域として位置づけられる広さのNUTS2，主要都市や郡などの実質的な行政サービスの単位であるNUTS3まで，異なるレベルが設定されている。ただし，ルクセンブルクやキプロスなどの人口規模の小さな国々では，一国で設定されているNUTS1〜3が1つだけ（NUTS1〜3は同一）となっている。また，NUTSは，各国の既存の行政区域に基づいて設定されることが多いため，各国の行政システム上の違いから，NUTSが同一レベルであっても，国が異なると人口規模が大きく異なることがある。たとえば，2015年でのNUTS2の320件のうち，人口が最少の地域は2.9万（フィンランドのオーランド諸島），最大の地域は1,437.7万（トルコのイスタンブール）とっている。

3) 分析単位となるNUTSの地図上での境界に関するデータや，それぞれの区域内での社会・経済などの統計データは，EUの行政執行機関である欧州委員会EC所管であるEurostatによって，地域政策策定のための基礎的な地域実態を把握することを主な目的に整備されており，HP上で公開されている（GISCO-Eurostat, 2018）。

4) NUTS3が，実質的な都市や大都市圏を代表する単位となっていない事例は，たとえばロンドンが該当する。ロンドンは，NUTS3レベルでは，いわゆるシティ地域と他の周辺行政域とが分かれ（異なるNUTS3として扱われ）ているため，NUTS3レベルの「ロンドン」を，実質的な都市や大都市圏の分析単位としてそのまま用いることができない。逆に，トルコの大都市に関するデータであるNUTS3レベルの大都市に関する集計では，中心都市の行政区域と周辺行政区域を含めた数値が用いられており，都市的地域の値となっている。

5) Eurostat（2018）による都市，大都市，機能都市地域それぞれの設定基準は次の通り。都

市は，一定の条件を満たす人口5万以上の地域であり，大都市は，この都市などを中心都市として，中心都市，および中心都市と通勤流動で結合する周辺地域（就業人口の50％以上の通勤者のみられる自治体）からなる地域である。同様に機能都市地域は，中心都市と，通勤流動などを通じて中心都市と結合する周辺地域（就業人口の15％以上の通勤がみられる範囲）から構成された地域である。大都市と機能都市地域はいずれも，人口集積のみられる中心都市，および中心都市と通勤流動で結び付く周辺の自治体から成り立つ地域である。前者は，中心都市への通勤者の割合が極めて高く，通勤圏として市街地が連続するなどの中心都市と周辺地域との強い結びつきを理解できる一方で，この定義に基づく「大都市」では人口規模が小規模となるものが多いため，行政域を越えて機能的・景観的に市街地が連担した（コナベーションによる）都市域として解釈できる。後者の機能都市地域では，人口25万未満のものが過半数を占めており（注9）を参照），小規模な都市圏も含まれているものの，通勤流動だけでなく日常的な消費行動や社会経済活動を通じて形成された，機能的に結びついた都市圏の範囲と解釈できる。日本での国勢調査に基づく大都市圏の定義，とくに「周辺市町村」の設定基準である「大都市圏及び都市圏の「中心市」への15歳以上通勤・通学者数の割合が当該市町村の常住人口の1.5％以上」「かつ中心市と連接している市町村」（総務省統計局ホームページ，2023）を参考にすると，機能都市地域のうちで一定の人口規模を有するものは，日常的な活動の中で機能的に結び付く大都市圏と位置づけることができる。本章では，人口100万以上の人口規模である機能都市地域を大都市圏とした。

6) クロアチアの面積（56,794.9 ㎢）は，EU統計局の資料での人口密度と人口の数値に基づいて筆者が求めた推定値を用いた。なお，『世界国勢図会2021/22年版』による2019年の同国の面積は，5.7万㎢である。
7) 中軸地域に関係する10カ国は，イギリス，オランダ，ベルギー，ルクセンブルク，ドイツ，フランス，スイス，リヒテンシュタイン，オーストリア，イタリアである。
8) GISCO Eurostat（2018）による2015年における機能都市地域のリストには，人口データが欠落している都市も含まれており，それらは除外した。除外した件数を国別に示すと，トルコ52件，オランダとイギリス各1件，スイス2件である。
9) 機能都市地域666件（100.0％）を人口規模別にみると，5万以上10万未満が72件（10.8％），10万以上25万未満が281件（42.2％），25万以上50万未満が174件（26.1％），50万以上100万未満が77件（11.6％），100万以上が62件（9.3％）となっている。

第4章

ドイツの大都市圏の再編と
マルチスケールな都市・地域間連携

　本章では，まず，産業構造転換の進むドイツのライン・ルール大都市圏を事例に，人口変化と就業構造変化を指標として，都市空間の形成・変容プロセスにおける転換期にあたる，2000年代における大都市圏の社会・経済的再編をまとめる。第3章でみたようにヨーロッパ各地では大都市を頂点に中小の都市の結びつく都市圏や大都市圏が形成され，地域社会や経済のまとまりとして機能する一方で，諸都市は地域間経済格差の是正へ向けた協力・連携の取り組みを様々な空間的スケールで進めている。そこで，章の後半では，ドイツでの都市間や大都市圏内での連携の事例に基づき，都市・地域間連携が，競争的かつ協働・共同的であるだけでなく，複数の空間的な単位にまたがるマルチスケールに構築された複合的なものであり，このもとで大都市圏の再編が進展していることを捉えたい。

1　大都市圏の再編の背景

　ヨーロッパ諸国では1970年代後半以降，雇用を始めとしてサービス経済化が進行している。これに伴って大都市圏内に形成された主要な工業地帯では，産業・就業構造が変化し，一部地域では人口停滞・減少が生じた。加えて，1990年代初頭の中・東欧諸国での政治・経済変革，およびその後のEU（欧州連合）拡大を経て，2000年代に入り経済的優位をめぐる域内における主要地域間，とくに大都市圏間競争が激しさを増している（Bundesamt für Bauwesen und Raumordnung und IKM Hrsgs., 2008）。このためEU各国では，歴史的建築物

の保全,公共スペースの再編,土地利用の混在による都市機能の融合などを通じ,都市活力の再生が試みられており(国土交通省国土交通政策研究所,2002),国・地域の持続的発展の鍵として大都市圏の社会・経済的再編が,重要な課題となっている。

　ヨーロッパ有数の工業国であるドイツでも1980年代半ば以降,経済構造が実質的に大きく変化し,国民経済の中での第3次産業の役割が著しく伸張するとともに,第2次産業内でも鉄鋼や機械などの製造業から情報知識産業への転換も進んでいる(Maier und Beck, 2000)。とくに,ドイツのルール工業地帯をはじめとして,内陸に位置するいわゆる「重厚長大」型の旧工業地帯では,産業・就業構造は著しく変化している。ルール地域の工業化はもともと,この地域で産出された石炭を利用した鉄鋼などの鉱工業を中心に進展し,第二次世界大戦後には化学や機械工業が発展した。しかし,1960年代以降の石炭の産出量の減少に加え,1970年代に動力源での石油への切り替えが進んだことにより,地下資源への近接性という立地上の優位性が失われていった。第二次世界大戦後に進んだ沿岸地域での複合型コンビナート開発による「新工業地帯」との競合の中,近接性の劣る内陸の工業が衰退したことも指摘されている(ジョーダン＝ビチコフ・ジョーダン,2005)。さらに国際的には高水準の人件費や,内陸に立地することによる原材料や製品輸送などの高コスト体質は,価格面での国際競争力を低下させた。これらを背景として,1970年代後半以降には就業構造も変化し始め,1980年代になると産業別就業者数においてサービス業の割合が上昇し,第2次産業の割合が高かったルール地域でも第3次産業の比率が全国平均に近づいていった(Schrader, 1998)。

　また,ヨーロッパの多くの都市では,産業革命以降の工場立地とそれに伴う人口集積が進み,旧市街地の周辺部へと都市域が面的に拡大した(伊藤,2011b)。ルール地域などの旧工業地帯では,第二次世界大戦後にさらなる工業化と急速な郊外化が進み,大都市を中心として市街地の連担する人口密度の高い大都市圏が形成された(Heineberg, 2001)。こうした工業化と都市化を通じて,ルール地域では大都市と周辺地域とが通勤流動によって結びつき(Böhm, 2000),一つの社会・経済的地域が成り立っている。このため,近年における

産業構造の転換は，就業構造上の数値の変化にとどまらず，都市圏における小地域の雇用環境や人口特性に変化をもたらす要因となっており，就業・人口面での空間的な再編が進行している。

既述の通り，第2次産業からサービス部門への雇用転換や，第2次産業の成長部門での新たな雇用の創出は，就業者数の維持・増加につながる可能性を秘めている。しかし，その実現の可否は，投資環境や政策的影響などの地域的な諸条件に依存しており，同一の大都市圏内でも異なる雇用環境を生じさせていることが推測できる。したがって，大都市圏の全域において人口変化や就業者数の変化を小地域ごとに比較検討する必要があるだろう。こうした観点から本章では内陸に成立し，現在，社会・経済的転換の進む特定の旧工業地帯に着目し，人口ならびに就業構造の変化を分析する。

分析では，大都市圏レベルの比較的広範囲の地域を対象に社会的・経済的再編を分析した既往研究（サス，2007；伊藤，2011a）を参考に，人口特性の指標として人口，外国人，世帯特性，また就業構造特性の指標として産業別就業者数，事業所数，失業率をそれぞれ用いた。また，通勤流動をはじめとする社会的・経済的結合関係を有する大都市圏は，ルール地域を越え，ライン川沿いのデュッセルドルフからケルンを経てボンに至るライン地域に達していることが指摘されている（Zehner, 2001）。このため，本章ではルール地域とともに，これと連担・近接するデュッセルドルフ *Düsseldorf* からケルン *Köln* を経由し，ボン *Bonn* まで南下した範囲をライン地域とし，両地域に着目する。

以上をふまえ，本章では転換期の産業構造転換に伴って工業が縮小するドイツのライン・ルール大都市圏を事例に，人口特性と就業構造を指標として2000年代における大都市圏の社会・経済的再編を明らかにしていきたい。分析では，ノルトライン＝ヴェストファーレン州（以下，NRW州）内の郡 *Kreis* と，郡に帰属しない特別市 *Kreisfreie Städte*（以下，特別市・郡）に注目し，それらを基本単位として，筆者が設定した基準によるライン・ルール大都市圏の人口変化と就業構造変化の検討を行う[1]。

2 ライン・ルール大都市圏の画定およびその概観

本節では，NRW 州内での既存のいわゆる大都市圏を整理した上で，NRW 州の平均人口密度，および実質的に連担した都市域であるルール地域における人口密度を参考に設定した基準からライン・ルール大都市圏を画定し，さらにその概要をまとめる。

2.1 ライン・ルール大都市圏の画定

まず，分析の前提となる NRW 州での行政・自治組織とその区域をみる。州内には 1972 年以降，5 つの行政区 *Regierungsbezirk* [2] が設定されているが，これは州の出先機関の置かれる行政管区区域に過ぎない（森川，1995）。実質的な行政・自治組織の単位としては，広域的な自治体的業務などを受け持つ郡と，住民登録や福祉などの直接的な住民サービスを担当し，日本の市町村に該当する基礎自治体 *Gemeinde* があり，2008 年において州内に 31 の郡と，373 の基礎自治体がおかれている [3]（図 4-1）。基礎自治体は原則としていずれかの郡に属しているが，この中には郡から独立して郡と対等の権限を有する 23 の特別市も存在する。本章では，公表されている統計データのうち，特別市と郡を集計単位とするデータが数多く公表され，利用できるため，同州の 23 特別市と 31 郡の合計 54 件を基本単位として分析を進めた。

ところで，NRW 州内で基礎自治体の行政界（空間的な範囲）を越えた，いわゆる「大都市圏」に相当する，あるいは「大都市圏」と解釈できる枠組みが，これまでいくつか提示されている。その代表的なものには，1968 年に承認された，ライン・ルール高密度地域 *Rhein-Ruhr Verdichtungsraum* がある（本章の「5 ドイツにおける大都市圏での都市・地域間連携」参照）。連邦レベル（旧西ドイツ領）で設定された 24 の高密度地域のうち，対象面積や人口規模が最大となっているのがライン・ルール高密度地域であり，1,114 万の人口を抱えているとされる（Heineberg, 2001）。ライン・ルール高密度地域は，東端のハム *Hamm* からデュイスブルク *Duisburg* に至るルール地域と，ルール地域に接す

第 4 章　ドイツの大都市圏の再編とマルチスケールな都市・地域間連携　55

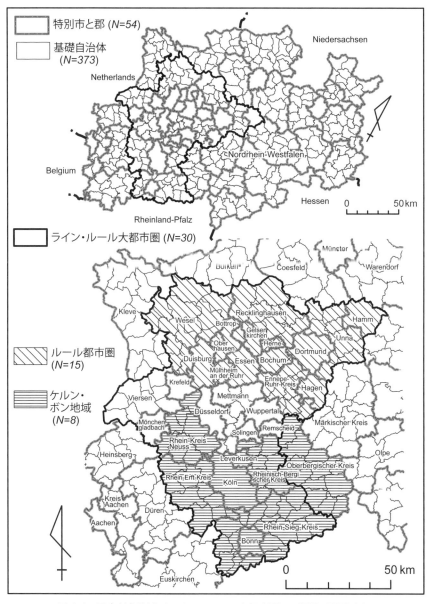

図 4-1　研究対象地域（ライン・ルール大都市圏）の概観（2008 年）

る北端のデュッセルドルフからケルンを経て南端のボンに至る,ライン地域から構成されており,これらを核として市街地が連続する都市圏が形成されている。ただし,高密度地域は基礎自治体を基本単位としているため,既述の通り,資料の制約から本章での分析において当該範囲を大都市圏として扱うことはできない。

一方,NRW 州で 2004 年に発足したルール地域連合 *Regionalverband Ruhr* は,複数の特別市・郡を基準にしており(Metropoleruhr, 2011),本章もこの範囲に着目する。これに加盟する 11 特別市と 4 郡の範囲が,ルール都市圏 *Metropole Ruhr* とされ[4],その中に組み込まれている大部分の範囲は,既述の高密度地域とも重複し,実質的な市街地が広がる地域と認められる。加えて,NRW 州南西部にはケルン・ボン地域協会 *Region Köln/Bonn e.V.* が 1992 年に結成されており[5],この中核をなす 3 特別市と 5 郡からなる地域が,ケルン・ボン地域を形成している(Region Köln/Bonn, 2011)。ただし,ケルン・ボン地域においては東端のオーバーベルギッシャー郡 *Oberbergischer Kreis* の人口密度が,2008 年に 1 km²当たり 310 人と,州平均(526 人)を大きく下まわる。一定面積に人口が集中する実質的な都市域とみなしにくいため,この地域を本章の分析対象から除外する必要がある。

さらに,2005 年に空間計画関係閣僚会議において承認された 11 大都市圏の中には(本章の「5 ドイツにおける大都市圏での都市・地域間連携」参照),「ライン・ルール大都市圏 *Metropolregion Rhein-Ruhr*」が含まれている。ただし,11 大都市圏は,政治的・経済的な結びつきを重視した領域設定であるため,その空間的広がりは,既述の高密度地域や地域連合などの空間的な広がりよりも広域に及んでいる。このため周辺地域において人口密度の低い,農山村地域が多く含まれており,人口が集積する実質的な都市域とみなしにくい。国の承認した「ライン・ルール大都市圏」においては,南東のオーバーベルギッシャー郡およびメルキッシャー郡 *Märkischer Kreis* の人口密度が低く,後者では 2008 年に 1 km²当たり 413 人と州の平均(526 人)を下まわっている。

本章ではこれらの点を考慮し,農山村を多く含む地域と推定される郡を除外した。農山村と推定される地域の抽出では,都市域を特徴づける基準の一つで

ある人口集積を示す人口密度に着目し，NRW 州の平均人口密度および実質的に連担した都市域であるルール地域における人口密度を参考にして基準値を設定した。基準値は，NRW 州の 2008 年の平均人口密度と，ルール都市圏（ルール地域連合）に含まれる 15 の特別市・郡のうち最も人口密度の低いヴェーゼル郡 Kreis Wesel の 2008 年の 1 km²当たりの人口密度 453 人であり，基準を下まわるオーバーベルギッシャー郡とメルキッシャー郡を除外した。

以上より，本章で分析対象とするライン・ルール大都市圏（以下，大都市圏）を画定した。すなわち，NRW 州の中央部から西側にかけて広がる地域に該当し，ライン川支流のルール川とエムシャー川流域を中心とした 15 の特別市・郡からなるルール地域，およびオーバーベルギッシャー郡を除くライン川沿いのボンからケルンに至る 7 の特別市・郡からなるボン・ケルン地域，さらに州都であるデュッセルドルフとその周辺の 6 特別市・2 郡を加えた，合計 30 の特別市・郡から構成される範囲とした（図 4-1 参照）。

2.2　ライン・ルール大都市圏の概観

まず，NRW 州とライン・ルール大都市圏を概観する。NRW 州は，ドイツ北西部に位置し，州の北西部はオランダ，南西部はベルギー，南部はラインラント＝プファルツ州とヘッセン州，北部から東部はニーダーザクセン州に接する。州南部では東西方向にライン＝シーファー山地 Rheinisches Schiefergebirge が広がり，この山地を分断する形で南から北方向へライン川が貫流している（図 4-2）。ライン川を境としてライン＝シーファー山地の西側がアイフェル高原 Eifel，東側がロートハール山地 Rothaargebirge と名付けられており，標高 600m 超の山々もみられる。山地を北側に抜けたライン川流域には，ケルン盆地 Kölner Bucht が形成されており，ライン川の両岸には氾濫原が広がる。これらの地域は長い歴史の中でしばしば洪水に見舞われているため，ケルンなどの両岸の自治体では連携しながら洪水対策が進められている。

ライン＝シーファー山地から伸びる丘陵地の北側には標高 150m 未満の平野が広がり，北部はミュンスター平野 Münsterland と呼ばれる。NRW 州中央付近まで広がる標高 150m 超の丘陵地の北側には，ロートハール山地を主な水源

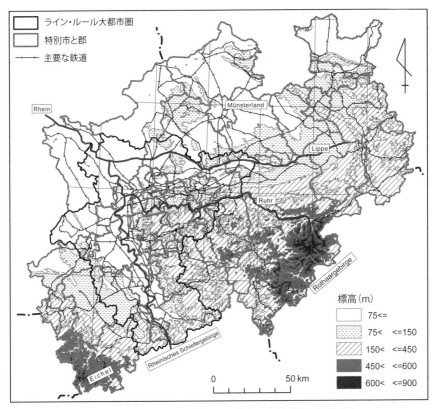

図4-2 ライン・ルール大都市圏の交通・自然環境（2008年）

とするルール川が，またその北側で平行する形でエムシャー川とリッペ川がそれぞれ東から西方向に流れ，ライン川に合流している。

　ルール地方の工業化は，炭田が分布したルール川とその北側の地域で始まり，採炭業の展開にあわせる形でルール川沿いの南部から，北のエムシャー川，さらにリッペ川方向へと発展した（Spethmann, 1933; 1938）。19世紀半ばから短期間に鉱業と製鉄などを中心に著しい工業化とそれに伴う都市化が進展し，7～9kmの間隔で大都市が連担する大都市圏が形成された（大場，2003）。現在も両河川沿いとその間の地域には複数の都市の市街地が連続し，市街地を縫う形で鉄道網が張り巡らされており，人口密度の高い地域が形成されている。

第二次世界大戦後，工業化と都市化が周辺地域へと拡大し，大都市と周辺地域での通勤流動が顕著となっている（Böhm, 2000）。そのため製造業を典型とする第2次産業が地域経済の中核を占め，産業別就業者数に占める割合も高かったが，1970年代後半以降になると産業構造転換が進み，1980年代にはサービス業の割合が上昇し，全国平均との差も縮まった（Schrader, 1998）。また，デュッセルドルフからケルンを経てボンに至る地域では，都市部に製造業やサービス・業務機能が集積した。ライン川沿いにおける急激な工業化と都市化に伴って各都市とその郊外地域には都市圏が成立し，さらにそれらの市街地が連続することで一体的な大都市圏が形成された。

本章における大都市圏は，NRW州の中央部から西側へと広がり，30の特別市・郡から構成される。州統計局の資料（Landesbetrieb Information und Technik Nordrhein-Westfalen Hrsg., 2009a）によれば，2008年での面積は9,760 km²とNRW州の面積（3.4万km²）の28.6%を占める[6]。2008年の人口は1,097万と，州人口（1,793万）の61.2%に達しており，人口密度は1,124人/km²と州平均（526人/km²）の2倍を超える[7]。

3 大都市圏の社会的再編

本節では，大都市圏における人口変化と人口の地域的差違，また国籍別人口と世帯特性変化に基づいて地域的差異の背景を検討することを通じて，大都市圏の社会的再編を具体的にみていきたい。分析データはいずれも州統計局データ（Landesbetrieb Information und Technik NRW Hrsg. 2009a; 2009b）と連邦統計局データ（Statistisches Bundesamt HP, 2011）である。

3.1 人口変動の特色

大都市圏の人口変動をみると，1980年代半ばに人口が減少した後，1990年代にかけて上昇に転じていることがわかる（図4-3）。しかし，2000年代に外国人の減少，人口高齢化，世帯規模縮小が進行する中で1,110万から漸減している。

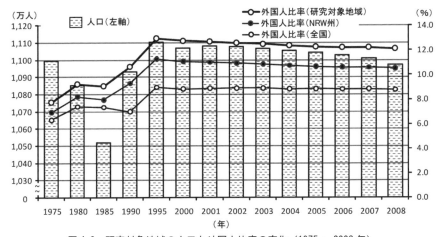

図 4-3 研究対象地域の人口と外国人比率の変化（1975 〜 2008 年）
Statistisches Bundesamt HP（2011）and Landesbetrieb Informationen und Technik NRW（2011）
より筆者作成。

　大都市圏の人口変化は，NRW 州の傾向とほぼ一致するものの[8]，連邦全体（全国）と比較すると，東西ドイツ統合以前となる 1980 年代前半の変化に特色がみられる。全国の人口は，1980 年の 6,166 万から 1985 年の 6,102 万（99％）へと推移しており，一部地域での景気低迷による人口停滞と減少を除くと，大きく変化していない。一方，同時期に大都市圏の人口は，1980 年の 1,085 万から 1985 年の 1,052 万へと減少している。両年次の変化率は 96.5％と，全国よりも数ポイント低く，人口は減少傾向にあった。この時期にみられる大都市圏における人口減少の地域的な要因として，まず製造業を中心とした景気停滞とそれに伴う外国人労働者の減少を指摘できる。

　外国人の増減と連動した人口変化は，NRW 州と大都市圏の双方で顕著であり，東西ドイツ統合後となる 2000 年代の人口漸減も，外国人の減少から影響を受けている。2008 年末で NRW 州に居住する外国人は，トルコ系を筆頭に 188.7 万に達する。この数は，ドイツ国内の全外国人（713.1 万）の 26.2％にあたり，州別では最大である（Gemeinsame Statistik Portal HP, 2011）。NRW 州人口に占める外国人の割合は 10.5％と，全国平均（8.8％）よりも高く，割合は人口変化と連動して増減している。その値は，人口減少の進んだ 1980 年代に下がり，

東西ドイツ統合後の好景気や，産業構造転換の進展に伴う雇用拡大と人口増加がみられた1990年代において再び高まっている。

大都市圏でも外国人は地域人口の変化に影響を与えており，2000年代には，人口変化と外国人の増減との関連が，NRW州よりも強く認められる。外国人は景気後退期において減少し，回復期において増加している。外国人の総数と大都市圏人口に占める割合は，1975年における85.1万の7.7％から1980年の100.2万の9.2％へと増加しており，1985年に95.3万の9.1％へといったん減少した後，景気回復が進む1990年代に再び増加し，1995年には143.8万の12.9％へと急激に伸びている。2000年に141.4万の12.8％と微減し，それ以降も徐々に減少し続けており，2008年には132.9万の12.1％と絶対数，人口に占める割合ともに減少傾向にある。

大都市圏の人口減少の第2の要因として，子ども世代の減少も密接に関係する。単身世帯の増加とそれに伴う世帯規模の縮小を指摘できる。平均世帯人員に基づいて世帯規模の変化をみると，単身世帯が増加するに伴って世帯規模が縮小している。2000年にNRW州の平均世帯人員が2.16人であったが，2008年には2.09人と減少し，単独世帯の割合は36.0％から38.1％へと増加している。とくに大都市圏では世帯規模が縮小しており，高齢者や未婚の単身世帯が増加する一方で，子どものいる世帯が減少し，この地域全体での人口減少が加速している。

このうち，州都のデュッセルドルフを中心に12の特別市・郡で構成されたデュッセルドルフ行政区を一例に挙げると[9]，2000年の平均世帯人員が2.09人であったが，2008年には2.04人へと縮小し，単身世帯の割合も，37.2％から39.3％へと増加している。単身世帯の増加は，後述するように人口高齢化による高齢者の単身世帯や，未婚世帯の増加を反映している。これは単に世帯規模の縮小のみならず，子どものいる世帯の減少も意味しており，結果的に人口停滞・減少につながっている。

3.2　人口分布および人口変化の地域的特徴

大都市圏の人口は2000年代において漸減傾向であるものの，特別市・郡単

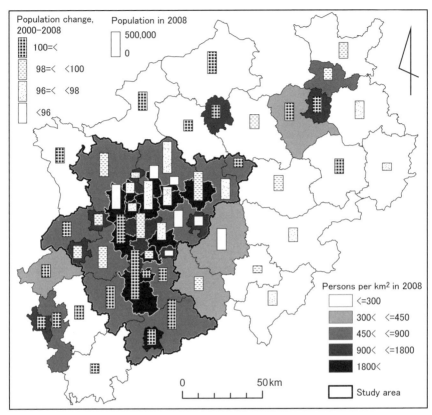

図4-4 ライン・ルール大都市圏における人口変化（2000～2008年）
Landesbetrieb Informationen und Technik NRW（2011）より筆者作成。

位でみると，ルール地域のように人口が停滞傾向を示す地域と，南部のケルン・ボンを中心とするライン地域のように人口が維持・増加となっている地域へと2極化している。まず，2008年における大都市圏の特別市・郡30件を人口規模で区分すると，50万以上の大都市は6つ，20～50万未満の中規模都市が16であり，20万未満の小規模都市は8となっている（図4-4）。

人口50万を超す大都市は，業務・サービス・文化都市であるケルン（99.5万），ルール地域の北部に位置するレックリングハウゼン郡（63.6万），ボン周辺に位置するライン＝ジーグ郡（59.8万），ルール地域のドルトムント（58.4万），

州都であるデュッセルドルフ（58.4万），ルール地域のエッセン（58.0万）となっている。ルール地域にあっては複数の中・大規模都市が東西方向に広がり，それぞれの市街地が連担するだけでなく，その周辺には人口20～30万規模の都市が連続して分布する。こうした分布は，人口密度の地域的な特色を生み出しており，ルール地域において東西方向に連なる形でみられる人口の高密度地域を形成する。さらに，ライン川沿いには北からデュッセルドルフ，ケルン，ボンと大都市が続く。このため，ルール地域とライン川沿い一帯は，一大人口集積地域となっている。

とくに人口密度の高い大都市では，ドルトムント，ボッフム，エッセン，デュイスブルクなどのルール地域で東西方向に分布している，重工業を中心に発展したものが該当する。また，ケルンやボンなどのライン川沿いのライン地域で南北方向に分布する行政・業務機能やサービス部門が発達したものがみられる。これらの都市では，人口密度がいずれも2,000人/km²を超えており，都市中心部から郊外にかけて，商業・業務施設や公共施設などに加えて，6階以上の中・高層の集合住宅や5階までの低層中層住宅も高密度に連続する。各種都市的施設が集積し，人口密度が極めて高い地域は，大都市圏の中核地域と位置づけることができる。

大都市圏の中核地域では，2000～2008年における人口変化に地域的な特徴がみられる。南部のライン地域において人口が維持・微増となる一方，ルール地域の大都市で人口が減少し，前者の増加分を後者の減少分が相殺している。特定の大都市への人口集積と同時に，雇用などの経済的条件の不利な地域における人口停滞・減少が生じているといえる。まず，大都市圏全体では2000～2008年の人口変化率は，99.1％と漸減となっており，減少幅は約1％と大きくはない[10]。デュッセルドルフ，ケルン，ボンといったライン地域の大都市や，その近郊の郡において人口は維持，もしくは微増となっている。NRW州内での人口変化率が高い値を示すのは，オランダとベルギーに接し，越境型の経済活動が活発化しつつある南西部のアーヘン*Aachen*の106.1％のほか，ライン地域の南部に該当するボンの105.2％，ボン近郊のライン＝ジーク郡の103.7％であり，さらにケルンも103.4％と第4位となっている（図4-4）。

ケルンやボンなどのライン地域の一部大都市には，子どもを有する世代を含む生産年齢人口層が吸引され，人口が維持されている。15～64歳までの生産年齢人口の占める割合は，2008年のデュッセルドルフ，ケルン，ボンでそれぞれ67.7％，68.6％，67.6％であり，これらの値は，NRW州の平均65.6％を数ポイント上まわる。これに加えて，2000～2008年におけるその変化率は，州平均を若干下まわる100.6％，100.7％，100.7％となっている。しかも，2000～2008年におけるケルンとボンでの0～14歳の年少人口の変化率は，それぞれ115.7％，131.7％であり，同時期のNRW州の平均89.3％を大きく上まわる値となっており，子どもを抱えた世帯が維持されるだけでなく，増加していることが分かる。

一方，ルール地域に属し，これまで重工業が盛んであった都市における人口変化率は，いずれも98％を下まわっており，人口減少の幅が大きい。2000～2008年での人口変化率をみると，ボッフム96.8％，エッセン97.4％，デュイスブルク95.9％であり，これらの都市の人口減少が，大都市圏のみならず，州全体の人口停滞に影響している。いずれの都市も製造業を主体とした経済構造からの脱却を目指しているものの，産業構造転換が遅れ，地域経済の振興と雇用創出が不十分であり，こうした都市では人口が停滞・減少している。

ルール地域の人口の変化，ならびにその背景を俯瞰して捉えると，この地域の人口は，NRW州と大都市圏で人口が微増した1990年代においても減少し，2000年代にはNRW州や大都市圏の減少量を超えて人口が減少している（表4-1）。NRW州，大都市圏，ルール地域という3つの空間スケール（3地域）の人口特性を比較すると，1990～2000年の人口変化はNRW州で103.8％，大都市圏で101.3％であるのに対して，ルール地域では99.3％と微減している。さらに，ルール地域での人口減少は，2000年以降も顕著であるが，全国的にはこの時期に人口は維持され，あるいは漸減にとどまっており，またNRW州の2000～2008年での人口変化も99.6％と，ほぼ人口が維持されている。さらに，大都市圏では99.1％と微減であるのに対して，ルール地域の変化率は97.1％と減少傾向が著しい。

ルール地域における人口停滞・減少は，外国人の減少のほか，少子化や高齢化，

表 4-1 ライン・ルール大都市圏の人口特性（2008 年）

項目		NRW 州	ライン・ルール大都市圏	ルール地域
人口	総数（万人）	1,793.3	1,097.0	520.3
	密度（人 / km²）	526.1	1,124.0	1,173.3
	変化率, 1990-2000 年（%）	103.8	101.3	99.3
	変化率, 2000-2008 年（%）	99.6	99.1	97.1
生産年齢人口	総数（万人）	1,176.5	720.8	339.9
	比率（%）	65.6	65.7	65.3
	変化率, 1990-2000 年（%）	100.2	99.9	99.7
	変化率, 2000-2008 年（%）	100.8	100.7	100.6
若年人口	総数（万人）	255.3	149.6	69.5
	比率（%）	14.2	13.6	13.4
	変化率, 1990-2000 年（%）	125.6	107.1	96.8
	変化率, 2000-2008 年（%）	89.3	86.3	77.6
外国人	総数（万人）	188.7	132.9	60.9
	比率（%）	10.5	12.1	11.7
	変化率, 1990-2000 年（%）	123.9	121.7	123.7
	変化率, 2000-2008 年（%）	94.4	94.0	95.1

生産年齢人口は 15 歳～ 64 歳人口，若年人口は 15 未満人口をそれぞれ指す．
Landesbetieb Information und Technik NRW (2011) より作成．

ならびに世帯規模の縮小と関連している．まず外国人の変化をみると，大都市圏の変化と同様に 1990 年代に大幅に増加した後，2000 年代に減少に転じている．1990 ～ 2000 年のルール地域における外国人変化率は 123.7％であり，NRW 州の変化率よりも数ポイント上まわる増加となっている．ところが，2000 ～ 2008 年の変化率は 95.1％と，急速に減少へ転じている．NRW 州と大都市圏いずれにおいても減少しており，外国人の転出・減少が，州や大都市圏，さらにルール地域での人口減少の一因となっている．

また，ルール地域では 0 ～ 14 歳の年少人口比率が大幅に低下する一方，65 歳以上の高齢者の割合は増加し続けており，少子化と高齢化が同時に進行している．未婚者や高齢者をはじめとする単身世帯の増加に伴って，平均世帯人員も減少している．まず年少人口をみると，2008 年のルール地域における割合は，13.4％と NRW 州（14.2％）と大都市圏（13.6％）の値を下まわっており，また 1990 ～ 2000 年および 2000 ～ 2008 年の変化率は，いずれも 100％を下まわり，

両期間において年少人口が減少し，少子化が進んでいる。1990〜2000年において年少人口は，NRW州全体で1990年の227.6万から2000年の285.8万と約60万の増加（125.6％），また大都市圏では1990年の161.7万から2000年の173.3万と約12万の増加（107.1％）であるのに対して，ルール地域では1990年の92.6万から89.6万と3万の減少（96.8％）となっている。2000〜2008年の変化率をみても，NRW州で89.3％，大都市圏で86.3％といずれも減少となっているが，ルール地域の値は77.6％であり，減少幅が大きくなっている。

また，ルール地域での高齢者の人口比率は1990年の20.1％から，2000年の20.3％，2008年の21.3％へと継続的に増加している。これらの値はNRW州と大都市圏の平均を超える水準となっており[11]，高齢化の進展がうかがえる。

さらに，14歳までの年少人口の親世代に位置づけられる生産年齢人口に着目し，その変化率をみると，1990〜2000年と2000〜2008年のいずれにおいても，ルール地域はほぼ100％を維持しており，この世代の人口総数に大きな変化はみられない。ただし，死別・離婚者を除く未婚者の比率が増加しており，これに伴って平均世帯人員も縮小している。ルール地域での未婚者の割合は，2000年の35.5％から2008年に37.3％へと増加しており，NRW州や大都市圏と同様に増加傾向にある。未婚の単身世帯の増加を通じて生産年齢人口が維持されているといえよう。また，ルール地域の世帯規模では，2000年の1世帯当たりの平均人員が2.12人であったものが，2008年には2.03人へと低下している[12]（Landesbetrieb Information und Technik NRW Hrsg., 2009a）。

以上のように大都市圏の人口は，2000年代に漸減傾向であるものの，特別市・郡単位でみると，南部のケルン・ボンを中心とするライン地域のように人口維持・増加の進む地域がある一方，ルール地域のように人口が停滞する地域が存在し，2極化が進展している。ライン地域では年少者を抱える生産年齢人口が維持され，人口も安定的に推移している。一方，ルール地域では未婚の単身者によって生産年齢人口が維持されているが，少子化と高齢化が進行する中，世帯規模も縮小し，大都市圏全体での社会的な停滞を誘引する人口減少が進展している。

4 大都市圏の経済的再編

 本節では,まず,NRW 州の統計年鑑（Landesbetrieb Information und Technik NRW Hrsg., 2009b）に基づいて 2008 年における商法と税法上で認められた事業所数と就業者数からみた特色を概観する[13]。また,州統計局資料（Landesbetrieb Information und Technik NRW Hrsg., 2009a）に基づいて,2001 年と 2007 年の大都市圏における産業別就業者数と失業率を分析し,就業構造の変化を明らかにする。それらの結果に基づいて,大都市圏における経済的再編およびその背景を考察したい。

4.1 NRW 州における事業所および就業者

 まず,NRW 州全体での 2008 年における事業所数と就業者では,第 3 次産業の割合が最も高くなっており,事業所数で約 8 割,就業者で約 7 割が,第 3 次産業に分類されている。「公務」を除いた事業所総数は,75.5 万件であり,このうち第 2 次産業の事業所数は 9.5 万件（12.6%）,第 3 次産業のそれは 61.4 万件（81.3%）,また第 1 次産業の農業・林業・漁業分野における事業所（経営体）は,兼業と専業を合わせて 4.6 万件（6.1%）となっている（表 4-2）。これらの就業者総数は,597.0 万人であり,うち第 1 次産業の割合が 0.9%,第 2 次産業の割合が 30.4%,第 3 次産業が 68.8%である。事業所と就業者数いずれにおいても多くが第 3 次産業に分類されている[14]。
 つぎに,事業所数で高い割合を占めている分野をみると,「その他の業務・サービス業」が 33.4 万件（44.2%）と最多であり,次いで「商業」の 16.2 万件（21.4%）,さらに「製造業」の 5.4 万（7.1%）と続いている。ただし,1 事業所当たりの雇用規模の差を反映し,就業者数に基づいた順位では第 2 位と第 3 位が逆転している。第 2 位は,事業所規模が大きく,就業者を多く抱える「製造業」,第 3 位は,1 件当たりの就業者が相対的に少ない「商業」となる。就業者数に基づいて「製造業」の上位の分野をみると,「食品・飲料」11.8 万人をのぞくと,「機械」20.6 万人,「金属製品製造」20.4 万人,さらに「化学製品製造」10.8 万

表 4-2　NRW 州の産業別事業所と被雇用者（2008 年）

部門	分野	事業所(万件)	%	被雇用者(万人)	%
第1次産業	農業・林業・漁業	4.6	6.1	5.3	0.9
第2次産業	鉱業	0.03	0.04	4.3	0.7
	製造業	5.4	7.1	134.8	22.6
	電気・ガス・水道	0.4	0.5	12.7	2.1
	建設	3.7	4.9	29.4	4.9
第3次産業	商業	16.2	21.4	101.9	17.1
	運輸・郵便	2.5	3.3	41.4	6.9
	金融・保険	1.2	1.6	21.4	3.6
	宿泊・飲食	5.4	7.1	13.4	2.2
	情報	2.7	3.6	22.8	3.8
	その他の業務・サービス業	33.4	44.2	176.5	29.6
	公務	-	-	33.1	5.5
	合計	75.5	100.0	597.0	100.0

第1次産業の被雇用数は，専業と兼業および時間給労働者を含んだ値。第2次産業と第3次産業の被雇用者は，社会保障の対象となる者。
Landesbetieb Information und Technik NRW Hrsg.（2009b）より作成。

人となっており，「製造業」の大部分は機械・金属関連の業種となっている。

　また，就業者数に基づいて「その他の業務・サービス業」の内訳をみると，「健康・社会団体」の 68.3 万人を筆頭に，人材派遣や施設管理，レンタル業務などの対事業所向けの職種が多く含まれる「専門サービス業」の 33.6 万人，法律や税務，研究・調査や建築設計などの専門職などからなる「経済・技術サービス業」の 30.8 万人と続く。

　さらに，既往研究（Gläßer et al., 1997）で示された 1995 年における NRW 州の産業別就業者数に注目し，表 4-2 における 2008 年の数値と比較すると，「製造業」が大幅に減少する一方，「その他の業務・サービス業」の割合が増加しており，就業構造上での製造業の重要度が低下し，サービス業の役割が拡大している。就業者の総数は，1995 年の 584.6 万人から 2008 年の 597.0 万人へと若干の増加（102.1％）となっている。こうした中で「製造業」の就業者数は，1995 年の 195.1 万人から 2008 年の 134.8 万人へ 60.3 万人減少しており(69.0％)，10 年ほどで急激に減少している。一方で「その他の業務・サービス業」は，1995 年における 136.6 万人から 2008 年の 176.5 万人へと 39.9 万人（129.2％）

増加しており，業務・サービス部門が伸張している。

　また，「製造業」と「その他の業務・サービス業」のそれぞれの就業者が全就業者に占める割合を1995年と2008年で比較すると，「製造業」は33.4%から22.6%へと10ポイント以上も減少する一方，「その他の業務・サービス業」は23.4%から29.6%へと増加している。このことは，就業構造において製造業の地位が低下する反面，サービス業の重要度が相対的に増していることを示す。

　以上のように，事業所数と就業者数ともに，第2次産業の中で中心となっている「製造業」分野における就業者数が減少する一方，第3次産業では「健康・社会団体」といった社会的サービスや「専門サービス業」「経済・技術サービス業」などの対事業所サービス部門が高い割合を占めるようになっている。これは，製造業からサービス業への産業構造の転換，また外国人比率の高さや高齢化の進展などを背景とした社会的ニーズの多様化が進む中で，専門的業種における雇用機会が拡大していることを意味しているといえるだろう。

4.2　大都市圏における就業構造の地域的変化

　ライン・ルール大都市圏では近年，製造業の衰退に伴って産業別就業者数の上でもサービス業の割合が増加している。ただし，サービス業を中心とした雇用拡大のみられるライン地域に対して，ルール地域では製造業就業者数の縮小と失業率の高さが顕著であり，経済・雇用環境の地域的差違が認められる。雇用の中心が，製造業からサービス業へとシフトする中，とくにルール地域の大都市では従来の地域経済の柱であった製造業の就業者が減少するとともに，失業者が増加しており，高失業率を反映して人口も停滞している。

　2001年6月末と2007年6月末のいずれも，工業都市を多く抱えるライン・ルール大都市圏の失業率は，NRW州平均を上まわっている。なかでもルール地域では2001年に既に高失業率であったが，2007年には失業率がさらに上昇し，状況が悪化している。2007年の州全体における失業率は，10%であるが，ライン・ルール大都市圏では11.5%となっており，大都市圏は失業者を多く抱える地域といえる[15]。しかも2001～2007年にかけて，大都市圏の失業率は州全体の値を上まわって増加している[16]。とくにルール地域の失業率は，2001

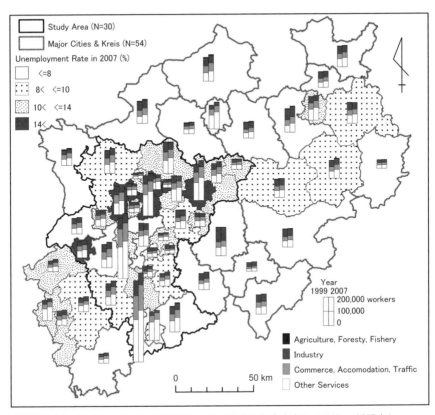

図 4-5 ライン・ルール大都市圏における産業別就業者変化（1999 ～ 2007 年）
Landesbetrieb Informationen und Technik NRW（2011）より筆者作成。

年に 11.8％と，同じ時期の州の平均値を 2.5 ポイント上まわる状態であったが，2007 年には 12.8％と，州平均を 2.8 ポイント上まわり，州内の他地域との差が広がっている。このようにルール地域は，2001 年時点において NRW 州内でも失業者が多い地域であったが，2000 年代にさらにその傾向が強まっている。

　2007 年の失業率の地域差をより詳しくみると，ルール地域に属する特別市・郡での割合が，その周辺よりも高い状態となっている。ルール地域に含まれるドルトムンド（15.5％），ヘルネ（14.8％），ゲルゼンキルフェン（18.1％），オーバーハウゼン（14.7％），デュイスブルク（14.9％）では，失業率は NRW 州の

平均値を4ポイント以上も上まわる高い値となっている（図4-5）。これらはいずれも，旧工業都市として製造業を中心に発展した地域に該当している。ルール地域では，機械部品などの製造業が衰退する中で，情報・通信産業やソフトウェア開発関連の事業所も増加しつつあるものの，失業者を吸収するまでには至らず，またサービス業の雇用も十分に確保できていない，あるいはその途上であると判断できる。

　一方，ライン地域の失業率は，ライン・ルール大都市圏内では相対的に低い状態である。とくにデュッセルドルフやケルン，ボンなどの大都市とその周辺地域での低さが特色となっている。ケルンやボンなどのライン地域の一部大都市では，行政・業務や商業に加え，近年，ソフトウェア開発やIT関連産業，対事業所向けサービス産業が伸張しており，こうした部門が若年層を中心に雇用を生み出し，低失業率に寄与している。

　次に1999年と2007年の産業別就業者数を特別市・郡ごとに比較すると，ライン・ルール大都市圏では製造業を中心とした第2次産業の就業者数が減少する一方で，サービス業の値が増加している。なかでもライン地域やルール地域の大都市を中心に，製造業の就業者数が減少し，その減少を補う形で商業・サービス業の就業者数が増加しており，就業者数からみた産業構造が転換しつつある。まずライン・ルール大都市圏での1999年における就業者数の合計は500.0万人，2007年は528.2万人であり（105.6%），わずかながら増加している。この変化率は，NRW州の同時期の変化率105.9%とほぼ同一水準である。

　ライン・ルール大都市圏での主要経済分野別における就業者の変化を比較すると，製造業を中心とした第2次産業の就業者は，1999年から2007年にかけて大幅に減少（81.0%）しており，とくにライン地域では減少が著しく，就業構造が大きく変容していることを示す[17]。特別市ではデュッセルドルフが1999年の8.0万人から15.5%減の6.8万人へ，ケルンは11万人から19.1%減の8.9万人へ，またボンは2.6万人から30.8%減の1.9万人へそれぞれ減っている。

　第2次産業での減少は，工業都市を多く抱えるルール地域でも着実に進行しており，特別市のボッフムでは1999年の5.4万人から29.7%減の3.8万人へ，エッセンでは6.3万人から15.9%減の5.3万人へ，デュイスブルクでは6.5

写真 4-1　ルール地域・ボッフムでの旧炭鉱施設を活用した技術開発センター
2000 年 10 月，筆者撮影．

万人から 12.3％減の 5.7 万人へそれぞれ減少している．その一部では，工場跡地や鉱山跡地を活用した技術開発や情報産業育成などが進められているものの（写真 4-1），余剰労働力を吸収するには至っていない．これらの都市では従来の地域経済の柱であった製造業などの第 2 次産業の就業者が減少する中，失業者が増加しており，高失業率を反映して人口も停滞している．

　第 2 次産業の割合が低下する一方，ライン・ルール大都市圏では，商業とサービス業を合わせた第 3 次産業の就業者は増加しており[18]，とくにライン地域での対事業所サービスを含むサービス部門の伸長が著しい．ライン地域のサービス業では，1999 年の 127.3 万人から 2007 年の 155.1 万人へと 121.9％の変化率を記録しており，州平均（120.3％）を下まわるルール地域の変化率（118.6％）とは対照的に，サービス部門における雇用が拡大している．たとえば，大聖堂に代表される観光業や商業に加え，情報・メディア産業が発達するケルンでは，全部門の就業者が 1999 年の 59.5 万人から 2007 年の 65.3 万人（109.7％）へと約 6 万人増加した．このうちサービス業部門の雇用者は 1999 年の 31.0 万人から 2007 年の 37.8 万人（121.9％）へと約 7 万人増加しており，サービス部門は他の部門の減少分を補う形で著しく増加している．

　以上のように，大都市圏全体を産業別就業者数からみると製造業分野が縮小する一方，サービス業の割合が増加している．ただし，サービス業や製造業の

成長分野での雇用拡大のみられるライン地域に対して、ルール地域では製造業の縮小と失業率の高さが顕著であり、経済・雇用環境の地域的差違が認められる。とくにライン地域の大都市でのサービス部門における雇用拡大がみられる一方、ルール地域ではサービス業の増加は不十分であり、製造業の就業者数の減少と失業率の高さが目立つ。雇用の中心が製造業からサービス業へとシフトする中、とくに大都市では従来の地域経済の柱であった製造業の従事者数が減少するに伴って失業者が増加しており、高失業率を反映して人口も停滞している。したがって、経済的再編でも地域的差違が認められ、新しい産業やサービス部門で雇用拡大のみられるライン地域に対して、ルール地域では製造業の縮小と失業率の高さが顕著であるとみることができる。こうした地域的差異は、都市圏内での今後の経済格差拡大の可能性を示唆するものといえよう。

5　ドイツにおける大都市圏での都市・地域間連携

　本節では、個々の都市や地域間、都市圏や大都市圏内外で構築された都市・地域間連携を概説し、それらが都市再生の背景となっていることをまとめたい。まず、ドイツでの連邦や州レベルで構想・設定された大都市圏の概要をまとめ、公的な「大都市圏」が、多極中心型の都市システムを前提とする経済計画や地域開発計画策定を念頭に置いたものであったが、1990年代以降に域内での協力関係構築を通じた経済成長の枠組みとして重視されるようになったことをみていく。さらに、ドイツ国内のいくつかの事例に基づいて、都市間や大都市圏内での連携が、競争的かつ協働・共同的であるだけでなく、複数の空間スケールで構築されたマルチスケールで複合的な都市間の相互関係であることを確認する。

5.1　国家（連邦）・州レベルでの大都市圏

　「大都市圏」の制定の背景や定義、とくに対象となる圏域の境界の線引き基準や[19]、その法的位置づけは国や地域によって異なる[20]。ドイツでは第二次世界大戦以前から行政上の権限を有する大都市圏連合が計画され、比較的弱い

権限ながらも組織が実際に結成されている（森川，2008）。ただし，基礎自治体から構成される「大都市圏」では，業務効率化や政策的目標の設定を主眼とした境界設定となっており，必ずしも人口密度の高い実質的都市域のみが選定されるわけではない。実質的な大都市圏の設定は，第二次世界大戦後の急速な都市化の進行を背景として，行政域を越えた統一的な経済計画や地域開発計画策定を目指して進められた。1960年，公的な研究機関である空間研究・国土計画アカデミー *Akademie für Raumforschung und Landesplanung* は，特別市を中心に設定された都市圏 *Stadtregion* の考え方を公表した（Zehner, 2001）。都市圏の設定は，国勢調査の人口，就業者数，通勤者数などに基づいており，通勤圏の考え方に依拠しているとみてよい。

連邦や州レベルでの「大都市圏」では，高度経済成長が本格化し，既成市街地周辺に位置する郊外開発が活発化したり，市街地が基礎自治体の境界を越えて広がり，複数の基礎自治体で市街地が連坦化したりするなど，都市化が急速に進展する中で，制度的枠組みが整備されていく。たとえば，連邦レベルでは1965年に連邦空間秩序法 *Bundesraumordnungsgesetz* が制定され，各州には地域実態に合わせた空間秩序・地域計画 *Raumordnung und Landesplanung* を策定することが求められた。これに対応し，各自治体がそれぞれの空間計画の策定に柔軟にかつ共同で利用できる基準として，連邦地域・空間整備研究所 *Bundesforschungsanstalt für Landeskunde und Raumordnung*（後の連邦建築・空間整備局 *Bundesamt für Bauwesen und Raumordnung*）による高密度地域の考え方が提唱され[21]，既述のライン・ルール高密度地域を含む24の高密度地域が，1968年11月の空間整備関係閣僚会議MKRO[22]において承認されている（Heineberg, 2001）。高密度地域は，基礎自治体を基礎単位として，中核都市と周辺地域から構成されており，人口や労働人口が集積し，景観的，機能的に連続する実質的な都市域と位置づけることができる。

連邦や各州での都市圏の考え方では，大都市などの重要都市が空間的に分散して立地する，多極中心型の都市システムの考え方が採用されている。多極中心型の都市システムを通じて空間的・社会的結束を高めて地域格差を是正するという，均衡目標に基づく中心地構想が重視されていることが指摘されている

（森川，2017；2019）。このため1990年代初頭までの空間整備 Raumordnung や各州の州発展計画では，地域労働市場の中心，かつインフラ施設の集積した上位の中心地 Oberzentrum が多数立地する，多極中心型の都市システムが評価されてきたとされる（Blotevogel, 2002）。多極中心型の都市システムは，大都市などの重要都市が空間的に分散して立地する形態をとるため，連邦や州レベルでの一極集中を防ぎ，結果として社会・経済的な格差縮小につながると期待されているのである。

　こうした基礎自治体の行政域を越えた地域連携制度や組織は，都市化が急速に進行して広域での経済計画や地域開発計画が必要とされた1970年代以降，全国的に拡大した。大都市とその周辺自治体との地域連合は，ドイツ南西部のバーデン＝ヴュルテンベルク州の州都であるシュトゥットガルト（1974年発足）や，ヘッセン州の交通・金融都市であるフランクフルト（1975年発足）などで相次いで発足している。同様に，NRW州は1979年の州開発計画において，集積地域 Ballungsraum を設定している（Heineberg, 2001）。集積地域は，1974年の州開発プログラム制定に基づくものであり，区域設定の基礎単位を基礎自治体として，集積核 Ballungskerne と周辺地域 Ballungsrandzonen から構成されており，社会的・経済的に密接に結合した都市圏を画定するものといえる。これらの空間整備や開発計画に関する地域連合や集積地域に加え，公共交通計画に関しては，交通（運輸）連合 Verkehrsverband が1960年代から1980年代にかけて，国内各地に結成されている（青木，2019）。国や，州，複数の基礎自治体や交通事業主体の合意に基づいて結成され，都市圏レベルの広域での交通サービスを提供し，統一的な運賃設定や路線網整備の連携を推進することで，利用者の利便性を向上させている（写真4-2）。

　さらに，1990年代以降に経済的優位を巡る主要地域間，とくに大都市圏間での競争が激しさを増す中，少数の大都市を中心とした「都市圏」や「大都市圏」での地域開発や経済成長が目指されており，大都市圏レベルでの協力・連携が強化されている。連邦や州レベルでみた場合，空間整備計画における多極中心型の都市システムから少数の大都市圏重視への発想の転換は，1990年代半ば以降とされる（森川，2019）。たとえば，後述の通り，全国規模での広域的な

写真 4-2　ドイツ・ルール地域を中心とする運輸連合の下で運行される LRT
ドイツのルール地域からライン川沿いのデュッセルドルフ付近までの地域では、ライン・ルール運輸連合 Verkehrsverband Rhein-Ruhr（VRR）が 1978 年に設立された。共通運賃や路線網整備の連携などが図られている。連合を構成する各運輸会社は LRT を含む路面電車や地下鉄、バスを運行するとともに、連邦鉄道 DB は近郊列車を運行している。2023 年 8 月、筆者撮影。

空間整備政策の枠組みとして「ドイツにおけるヨーロッパ大都市圏 Europäsche Metropolregionen in Deutschland」（以下、EMD）が、1995 年に正式に承認されている。

　また、基礎自治体の枠組みを超えた共同での地域開発や都市政策の策定といった、行政上の協力関係を構築する動きが各地でみられるようになる。具体的には、広域的な政治・経済・科学分野における協力関係強化を図るための枠組みである「都市圏」が設定・導入されている。たとえば、既述の通り、NRW 州において特別市・郡における計画・開発コンセプトを定める総合計画 Masterpläne の立案・遂行を目的として、ルール地域連合 Regionalverband Ruhr が、2004 年に発足した（Metropoleruhr, 2011）。さらに、NRW 州南西部には広域的な政治・経済・科学分野における協力関係強化を目指す、ケルン・ボン地域協会が、1992 年に結成されている（Region Köln/Bonn, 2011）。

5.2　ドイツにおけるヨーロッパ大都市圏 EMD での都市・地域間連携

　つぎに、1990 年代半ば以降の大都市圏レベルでの協力・連携の強化を EMD を事例にみていきたい。EMD は、公的には 1992 年の空間整備関係閣僚会議に

第4章 ドイツの大都市圏の再編とマルチスケールな都市・地域間連携　77

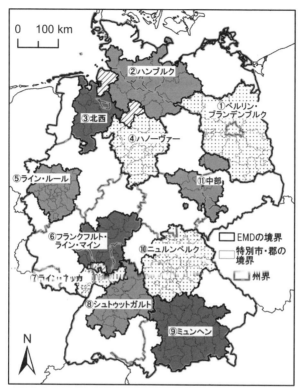

図4-6　EMD（ドイツにおけるヨーロッパ大都市圏）の分布（2015年）
図中の数字は表4-3中の番号と一致する。IKMと各EMDの資料をもとに筆者作成。

おいて，空間整備政策を検討する中で取り上げられたものである。議論では，国際的，または広域に影響を及ぼす人口や各種施設が集積している地域の重要性が強調されたと指摘されている（Michel, 1998）。1995年の同会議で，EMDは，国の遠心的（地方分権的）な地域政策の展開と，大都市の開発促進の枠組みとして位置づけられるとともに，国内の主要な大都市圏の画定が了承された（Michel, 1998）。これをふまえ「ライン・ルール大都市圏 *Metropolregion Rhein-Ruhr*」を含めた6つの大都市圏が指定され[23]，1997年に1地域，さらに2005年に4地域が追加され，2024年現在，EMDは合計11となっている[24]（図4-6）。

以後，EMD は主要な空間計画や経済開発・協力の枠組みとして用いられており（Bundesamt für Bauwesen und Raumordnung und IKM Hrsgs., 2008），大都市圏内での協力関係を発展させることで，地域全体の経済発展に寄与することが期待されている。EMD の基本的な役割・機能は，大きく 3 つあり，第 1 に公的機関や民間の経済主体による重要な決定に関する，決定・コントロール機能，第 2 に革新的知識や新たな価値観を通じた競争力の創造に関する，イノベーション・競争機能，第 3 に財や情報，人間の国内外との交流に関する，ゲートウェイ機能である（Adam und Stellmann, 2002）。これらを通じて，「企業・経済的・社会的・文化的な発展のモーターとして，指導的・競争的機能発揮する」（Adam und Stellmann, 2002）圏域を創出したり，強化したりすることが目指されており，国際的な競争関係の中で大都市を中心に経済的な発展とともに，人的交流や文化振興を含めた社会開発を促進することが重視されていると理解できる。

　ただし，EMD は，原則として構成員の自由意志に基づいて結成されており，その運営や主な事業内容は，各 EMD によって定められているため一様ではなく，多面的で複雑な特徴を有する。たとえば，ライン・ネッカー大都市圏のように空間整備・インフラ整備等の開発・整備計画にも関与するものや，ミュンヘン大都市圏のように都市・農村の連携拡大や，複数の関係主体を巻き込んだ経済振興等の業務に携わるものがみられる。一方で，ベルリン・ブランデンブルク大都市圏では 2 つの州の特定分野における協力体制にとどまっており（山田，2015），EMD の運営や組織形態，また主な事業内容は大きく異なっていることが分かる。

　EMD の多面性の背景には，それぞれの大都市圏の抱える社会・経済的課題が大きく異なっており，とくに EMD 相互に地域間格差が存在しているとみることができる。たとえば，地域間格差は人口規模や年齢構成にも現れている。EMD に含まれる地域は，国土の約半分をカバーし，ドイツ総人口の 7 割弱に達する人口を抱えるが（表 4-3），11 の EMD を比較すると，人口規模ではライン・ネッカー EMD の 238 万から，ライン・ルール EMD の 1,163 万まで 5 倍超の開きがみられる。また高齢化率でも，全国平均 21.1％を下まわるミュンヘン EMD の 19.3％から，大きく超過する中部 EMD の 24.8％まで，地域的な差

表4-3　ドイツにおけるヨーロッパ大都市圏（EMR）の社会・経済的特性（2015年）

EMRの名称		図中番号	人口（万人）	面積（千km²）	人口密度（人/km²）	高齢化率（%）	域内総生産（2014年）（億EUR）	就業人口1人当たり域内総生産（2014年）（EUR/人）
ライン・ルール	Rhein-Ruhr	5	1,163.4	1.7	991	21.0	4,313.6	72,749
ベルリン・ブランデンブルク	Berlin-Brandenburg	1	600.5	30.5	197	20.9	1,801.1	62,285
ミュンヘン	München	9	599.1	25.5	235	19.3	2,832.3	82,696
フランクフルト・ライン・マイン	Frankfurt Rhein Main	6	568.3	14.8	385	19.7	2,424.3	79,313
シュトゥットガルト	Stuttgart	8	535.2	15.4	347	19.7	2,259.5	76,688
ハンブルク	Hamburg	2	529.5	28.5	186	21.2	1,962.6	71,829
ハノーファー	Hannover	4	383.5	18.6	206	22.1	1,338.3	68,175
ニュルンベルク	Nurnberg	10	351.5	21.8	161	20.8	1,237.9	64,353
北西	Nordwest	3	274.6	13.8	200	21.0	871.0	62,257
中部	Mitteldeutschland	11	250.9	9.1	275	24.8	703.5	55,668
ライン・ネッカー	Rhein-Neckar	7	237.9	5.6	422	20.4	880.4	71,445
11大都市圏の合計			5,494.4	195.3	281	—	20,624.5	—
全国			8,218.6	357.4	230	21.1	29,038.0	69,085

「ハノーファー」は、正式にはHannover-Braunschweig-Gottingen-Wolfsburg。表中の「—」はデータ無しを示す。また、「北西」はブレーメンを指す。
IKM資料とドイツ連邦統計局資料（2015年）より筆者作成。

写真 4-3 「ミュンヘン大都市圏 (EMD)」事務局内で勤務する専任スタッフ
左右 2 名がスタッフ。2018 年 9 月，筆者撮影。

がみられる。また，経済活動をみても，国内総生産の 71%が 11EMD に集中し，経済成長のためのエンジンとなっている側面は認められるものの，経済規模は大都市圏間で大きく異なっている。

　とくに中軸地域に含まれる一部の EMD と，他との間にみられる社会・経済的格差は大きい。中軸地域に含まれるシュトゥットガルト EMD やミュンヘン EMD では，製造業のほか，研究開発機関やハイテク産業などが集積し，持続的に経済が成長する中で若年層などが転入しており，大都市圏の維持・成長を支えている。一方，中軸地域でもルール大都市圏は，旧工業地帯として現在も人口や経済規模は大きいが，失業率も高く人口が減少傾向にある。また，北部や旧東独では，人口規模は相対的に小さく，新たな雇用に結びつく産業構造の転換が遅れ，経済発展が困難な地域が多く含まれている。このように同じ大都市圏でありながら，中軸地域と周辺との格差が認められ，各 EMD は，個有の社会・経済的環境や諸課題を背景としながら，その活動を展開することになる。

　経済発展や人口増加といった持続的な成長を遂げている，ミュンヘン EMD を事例として，都市を中心とする地域間連携の取り組みをまとめておこう。同 EMD は，ミュンヘン，インゴルシュタット，アウクスブルクなどの 6 の特別市と 25 郡にまたがる地域に結成された。運営と協議の場として 1995 年に都市間連携組織が設立され，2008 年に現在の社団法人へ改組された。事務局は，ミュ

ンヘン市内におかれており（写真4-3），構成員への連絡や調整，各種イベントの企画運営といった組織の実務を担う。上記の地方自治体を含めて，40の基礎自治体や150を超える民間企業や経済・社会団体が構成員となり，会議を定期的に開催し，作業部会の活動を通じた技術や制度に関する情報交流などを行っている。環境保全へ向けた対策を含め，他分野での活動を通じて都市間連携や対外的な競争力強化へ向けた取り組みを進めている。EMDは，広域的な空間整備の枠組みとしてだけでなく，情報交流や技術開発協力などを通じて連携する空間的枠組み・広域の経済圏としても理解できる。

また，ドイツ国内の11大都市圏の相互関係についてみると，2001年に，11EMDを主な構成員とするIKM : *Initiativkreis Europäische Metropolregionen in Deutschland*と呼ばれる団体が設立された。IKMは，国や各州政府とも協力して大都市間での連携と競争力強化のための取り組みを実施しており，効率的な大都市圏ネットワークの構築のための研究・分析を行うほか，複数の作業部会を設けて，国やEUとの交渉の窓口となる活動を行っている（IKMウェブサイト，2024）。大都市圏の間における情報交換や意見集約といった協力関係の構築を主に担っているとみることができる。

5.3 大都市圏内での人的流動を通じた機能的な都市間結合と連携

さらに，EMD内での通勤流動に基づく機能的な地域間結合をみると，日常的な人的流動に基づいた日常生活圏が，中小規模の都市を中心としてコンパクトな空間に形成されていることがわかる。11のEMDのうち2つが設定されているドイツ・バイエルン州を事例に，機能的な地域間結合を確認するため，EUの統計局によって設定された通勤圏の考え方に基づく「EUによる大都市圏 *Metropolitan Regions by EU*」（以下，EUMR）の分布と，EMDの空間的な広がりを比較する（図4-7）。EUMRは，EUの地域統計や地域政策のために導入された地域統計単位NUTSの整備にあわせ，欧州委員会の管理するEurostat HPで公開されている。EUMRの圏域は，人口密度と人口分布から定義される「都市」と，通勤人口に基づく「通勤圏」から構成され，人口規模は25万人以上となっている。2013年においてEUMRは，クロアチアを除く27カ国に274

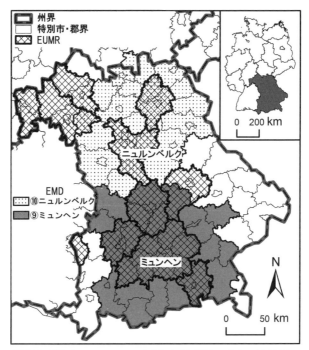

図 4-7　EMD 内でのヨーロッパ大都市圏 EUMR の分布（2015 年）
IKM と各 EMD の資料をもとに筆者作成。

設定されており，件数の多い国は，ドイツ 66，イギリス 35，フランス 32 である。EUMR は NUTS3 を基準に設定されている。

　バイエルン州内には，一部が州内となるものを含めて 11 の EUMR が設定されており，いずれも「都市」中心から半径 15 〜 30km 程度の広がりを有する都市圏となっている。州北部のニュルンベルクから南部のミュンヘンにかけて，複数の EUMR が主要鉄道・高速道路に沿う形で連続して分布する。ミュンヘン EUMR は，同市の半径約 30km 圏の 9 つの自治体から構成される。ミュンヘンと周辺地域は，鉄道，高速道路などの交通網で結ばれており，こうした高い近接性を背景として日常的に人的流動が発生している。EUMR の圏域と，EMD のそれを比較すると，EUMR の面積の方がかなり狭い。ミュンヘン EUMR を含む複数の EUMR（インゴルシュタット，アウクスブルク，ローゼ

ンハイム，およびレーゲンスブルクの一部）などから，ミュンヘン EMD は構成されており，各 EUMR では，中心都市と周辺地域とが機能的に結びつくコンパクトな日常生活圏が形成されている．同時に，各 EUMR は機能分担しながら，政策的枠組みや広域の経済圏としての EMD の一部を構成しているといえる．こうした日常生活圏としての EUMR の一部地域では，個別の地域連合や運輸連連合などの連携組織や制度が構築され，人的流動や社会・経済環境の維持・改善が図られている．

一方，都市間関係は，EU での市場統合が進展し地域間競争が激しくなる中で変化している．広域での地域連携が展開される一方，従来の国や州単位で成り立っていた都市間関係が崩れ，広域連携が拡大・深化し，国境や行政域を越えた国際的な枠組みも形成されつつある．これらを通じて地域間の情報交換，また人的・物的な結合関係が強化され，地域全体の社会的活性化や経済発展が進められようとしている．EU による地域間連携事業を通じた基礎自治体間の連携の仕組みが整備されており（飯嶋，2007），国を超えた自治体間での連携では EU が一定の役割を果たしているといえる．

そのほかにも，国境近くの地方自治体では，基礎自治体の圏域を越えた広域において，重層的に連携関係が構築されている．たとえばドイツ，フランス，スイスの国境地域においては，国境を越えた都市間連携の制度が重層的に築かれている．ドイツ南西部に位置し，フランスと接するカールスルーエ都市圏をみると（図 4-8），日本の市町村レベルの基礎自治体間で，複数の広域連携が形成され，さらに近郊交通網も広域的に整備されることを通じて都市圏における地域間結合が強化されている．カールスルーエ市と周辺の基礎自治体，計 11 団体からなるカールスルーエ周辺（近隣）自治体連合 *Nachbarschaftsverband Karlsruhe* が，1976 年に結成され，土地利用計画を含めた詳細な都市計画が一体的に策定・実施されてきた．また，より広域な地域では，基礎自治体間の連携や情報交換を図る組織として 1973 年に中央オーバーライン地域連合 *Region Mittlerer Oberrhein* が，同市を中心に発足した．2015 年において 57 の基礎自治体が参加し，総人口は約 100 万，総面積は 2,137 km² となっている．この組織は，地域開発計画，自然保護計画，交通計画などの複数の自治体にまたがる広域的

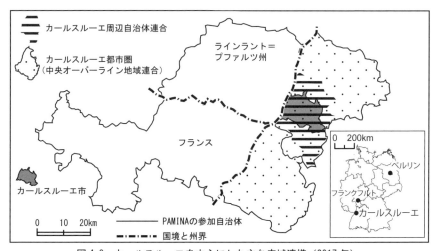

図 4-8 カールスルーエを中心にした主な広域連携（2017 年）
Nachbarschaftsverband Karlsruhe, Region Mittlerer Oberrhein, PAMINA の資料をもとに筆者作成．

な地域計画を企画・調整し，議決する機関であり，カールスルーエ都市圏における地域計画の一体的な立案と協調的な実施が図られている．

　1988 年には，カールスルーエを含むオーバーライン地域連合内の基礎自治体，および隣接するラインラント＝プファルツ州内の都市やフランスの自治体によって，パミナ PAMINA が組織された．構成団体数は，2017 年に 618 に達し，総面積は約 6,500 km²，人口約 170 万の圏域となっている．パミナは，EU による広域的地域連携のための補助事業インターレグの地域窓口ともなっている．域内外の関係団体とともに，補助金などにより鉄道や道路などの交通網整備，商業環境整備，経済振興などが進められ，さらに広域での都市を中心とした地域間連携が進展している．

6　小括

　本章の前半部では，産業構造転換の進むドイツのライン・ルール大都市圏を事例に，人口変化と就業構造変化を指標として 2000 年代における大都市圏の社会・経済的再編を明らかにした．人口変化では人口総数，外国人，世帯特性，

また就業構造変化では産業別就業者数，事業所数，失業率に着目し，NRW州の中央部から西側にかけて広がるルール地域およびライン地域の合計30の特別市・郡から構成される範囲をライン・ルール大都市圏として分析を進めた。

その結果，鉄鋼や機械といった大規模な工場群を抱えた旧工業地帯であるルール地域において，製造業の就業者数が減少する一方，第3次産業の就業者の増加は決して十分とはいえない。新たな産業と雇用の創出が，内陸型の旧工業地帯の全域において均一的に円滑に進んでいるわけではなく，失業者数や人口変化には地域的なばらつきがみられる。このことは都市間での競争力の格差につながり，今後の地域間での経済格差拡大の要因となるだけにとどまらず，よりミクロにみれば，都市内での社会的分極化のさらなる進行にも関わってくる。これは都市内の課題としてEUが以前から指摘する，社会・経済的に恵まれた社会階層と失業や貧困にあえぐ階層との社会的分断の強化（Commission of the European Communities, 1997）そのものであり，都市・地域政策を通じた改善が求められる。

一方，単身世帯の増加や外国人比率の高さは，地域内の社会的多様性の表れとも解釈することもできる。近年，都市の経済構造変化，特に大都市での地域活性化を巡る議論において，都市内での科学や技術，研究開発に加えて，芸術・文化産業，健康医療や金融などの高度な専門性を必要とする分野が，都市経済を活性化する「クリエイティブ」部門として注目されている。そうした創造性を生み出す知識労働者や専門職を都市に引きつける魅力の一つが，文化・芸術・多様性であり（フロリダ，2010），域内での文化的・社会的多様性は新たな都市の魅力の創造と，経済再編や発展の萌芽となる可能性も秘めているといえよう。

さらに，ドイツの事例からは，大都市圏内外での都市間・地域間連携が進められており，広域連携が拡大・深化し，国境や行政域を越えた国際的な枠組みも一部でみられた。これら都市間の相互関係は，競争的かつ協働・共同的であると同時に，マルチスケールで多面的な特徴を有している。ドイツにおけるヨーロッパ大都市圏EMDや，それらの連携団体であるIKMなどを通じて，大都市圏内外での都市間の情報交換や意見集約といった協力関係が構築されるだけ

でなく，全国規模での大都市圏ネットワークが構築されている。こうした変化を通じて大都市圏を中心とする経済成長が促進され，社会・経済環境も変化する中で都市再生が進展している。

また，ミュンヘン EMD における，都市を中心とする地域間連携では，都市間連携や対外的な競争力強化，環境保全活動などの取り組みが進められており，EMD は，広域的な空間整備の枠組みとしてだけでなく，情報交流や技術開発協力などを通じて連携する空間的枠組み・広域の経済圏としても理解できる。さらに，カールスルーエ都市圏における地域計画の一体的な立案と協調的な実施のように，法的根拠を有しながら予算執行を伴う実質的な機能を持つ枠組みも存在する。このように経済的優位性を求める都市間競争が激しくなる中で，各都市は，商業地域の再開発などの経済機能を強化するだけでなく，大都市圏などの枠組みを通じた連携を強めることで都市空間の再編を図っている。

注
1) 本章で用いた分析資料は，2008 年 8 月，2009 年 8 月，および 2010 年 8 月の筆者による現地調査で得られた連邦統計局，および NRW 州情報技術局 *Landesbetrieb Information und Technik*（以下，州統計局）が刊行した統計年鑑などの資料，また州統計局がホームページ（Landesbetrieb Information und Technik NRW, 2011）を通じて提供している NRW 州データバンクより入手した統計資料である。なお，州情報技術局は，2009 年 1 月に州情報処理・統計局 *Landesamt für Datenverarbeitung und Statistik Nordrhein-Westfalen* と州 IT 部 *IT-Dienstleister für die Landesverwaltung Nordrhein-Westfalen* が合併して発足した（Landesbetrieb Information und Technik Nordrhein-Westfalen, 2011）。
2) 2008 年時点で NRW 州内に設定された行政区は，デュッセルドルフ行政区，ケルン行政区，ミュンスター行政区，デトモルド行政区，アルンスベルク行政区である。
3) ドイツにおける行政組織や区域，また機能に関する説明は，森川（2008）に詳しい。
4) ルール地域連合を構成する自治体は次の通り。*Dusburg, Oberhausen, Mülheim an der Rhur, Bottrop, Essen, Gelsen- Kirchen, Herne, Bochum, Dortmund, Hagen, Hamm*（以上，11 特別市），*Kreis Wiesel, Kreis Recklinghausen, Ennepe- Ruhr- Kreis, Kreis Unna*（以上，4 郡）。
5) ケルン・ボン地域協会を構成する組織は次の通りである（Region Köln/Bonn, 2011）。*Köln, Bonn, Leverkusen*（以上，3 特別市），*Rhein-Sieg-Kreis, Rhein-Erft-Kreis, Rhein- Kreis Neuss, Oberbergische Kreis, Rheinisch- Bergische-Kreis*（以上，5 郡），ケルン手工業会議所 *Handwerkskammer zu Köln*，ボン・ラインジーグ商工会議所 *IHK Bonn/Rhein-Sieg*，ケルン商工会議所 *IHK Köln*，郡貯蓄銀行ケルン *Kreissparkasse Köln*，貯蓄銀行ケルン・ボン *Sparkasse Köln Bonn*，貯蓄銀行レバークーゼン *Sparkasse Leverkusen*，ラインランド地域連

合 *Landschaftsverband Rheinland*，ドイツ労働組合連合ケルン・ボン支部 *DGB-Region Köln-Bonn*（以上，8機関）。

6) 連邦統計局の資料（Statistisches Bundesamt Hrsg., 2010）によると，2008年末でのNRW州の面積は3.4万km²と日本の国土のほぼ10分の1であり，ドイツの総面積35.7万km²の9.5%を占め，16州のうち4番目の広さを有する。

7) 州統計局の資料（Landesbetrieb Informationen und Technik NRW, 2011）によると，2008年のNRW州の人口は16州の最大となる1,793万であり，ドイツの総人口8,200万の21.9%を占めており，人口密度もドイツの全国平均（230人/km²）の倍以上である526人/km²と大幅に高い。

8) NRW州の人口は，1980年代半ばにかけて減少した後，1990年代に上昇に転じ，2000年代において1,800万前後で推移している。1975年の1,713万を100とすると，1980年に99.6，1985年には97.3（1,667万）へと減少し，1990年に101.3とほぼ1975年の水準を回復した（Landesbetrieb Informationen und Technik NRW, 2011）。

9) デュッセルドルフ行政区を構成する12特別市・郡のうち，1郡は本章でのライン・ルール大都市圏に含まれない。

10) 2000年から2008年までの人口変化率は，全国平均の99.7%，NRW州の99.5%であり，ライン・ルール大都市圏の人口変化率99.1%はこれを上まわる水準となっている（Landesbetrieb Informationen und Technik NRW, 2011）。

11) NRW州とライン・ルール大都市圏の高齢者の人口比率を，1990年，2000年，2008年のそれぞれで示すと，NRW州では19.7%，19.3%，20.2%，ライン・ルール大都市圏では19.7%，19.7%，20.7%となっている。

12) ルール地域の1世帯当たりの世帯規模（平均人員数）は，2000年の2.12人，2008年の2.03人であり，この数値は，NRW州の2000年の2.16人，2008年の2.09を下まわる（Landesbetrieb Information und Technik NRW Hrsg., 2009a）。

13) 2008年の産業別就業者数は，経営部門を含まない数値となっており，経営部門を含む2001年と2007年の産業別就業者数との比較において，総数は若干少なくなっていることに留意する必要がある。

14) 2008年における産業別就業者数をみると，NRW州での公務員数は，パートなどを含めると33.1万人となっている。1999年の41.4万人からは大幅に減少したものの，就業者数に占める割合は5.5%に達する（Landesbetrieb Information und Technik NRW Hrsg., 2009b）。

15) ライン・ルール大都市圏およびルール地域の失業率は，州統計局資料に基づき特別市・郡ごとに示された失業率の算術平均により求めた。このため，実数に基づいて算出した割合とは異なる可能性がある。2007年におけるNRW州の失業率は10.0%であるが，上記の計算に基づくと9.8%となり，同様に2001年の失業率は9.3%であるが，計算に基づくと9.2%となっており，若干の誤差が生じる。

16) NRW州全体の失業率は，2001年に9.3%，2007年に10.0%であり，0.7ポイントの微増となっている。これに対して，ライン・ルール大都市圏では，2001年の10.2%から2007年の11.5%と1.3ポイントの上昇であり，州全体の値を上まわる規模で失業者が増加して

いる。

17) ライン・ルール大都市圏での第2次産業の就業者は，1999年の97.1万人から2007年の78.7万人へと減少（81.0％）している。ライン地域では，1999年の56.7万人から2007年の45.1万人へと20％以上も第2次産業就業者が減少している。

18) ライン地域とルール地域を比較すると，ライン地域での第3次産業の増加が顕著である。商業とサービス業を含む第3次産業の就業者数の1999年から2007年までの変化をみると，NRW州全体で554.2万人から636.6万人への増加（114.9％）であり，ライン・ルール大都市圏では360.2万人から412.7万人への増加（114.6％）となる。このうち，ルール地域での変化では，155.3万人から175.0万人へと増加しているものの，その変化率は州を下まわる数値（112.7％）にとどまる。これに対して，ライン地域では，204.9万人から237.7万人へと州を上まわる値（116.0％）となっており，州内でも第3次産業雇用拡大が著しい地域といえる。

19) 「大都市圏」や「都市圏」の線引き基準について，たとえば日本では国勢調査に基づいた「大都市圏」が1960年以降，「都市圏」が1975年以降にそれぞれ設定されている。通勤通学圏の基本的な考え方に立脚し，一定規模の人口規模を有する中心都市とその周辺地域にみられる日常的な人口流動に基づいて都市圏が定められている。アメリカ合衆国での公的に用いられる都市圏として1960年以降採用された標準大都市統計地域 S.M.S.A. や，1983年に改訂された大都市統計地域 M.S.A. があり，人口密度，都市人口，人口増加，通勤者数などを指標として中心都市とその周辺に位置し，中心都市と経済的・社会的に密接に結合した周辺地域（郡）から構成された範囲が定められている（菅野，2003）。

20) 日本での「大都市圏」の制度的可能性や課題，またドイツを含めた広域計画に関する制定の背景や法的位置づけなどは，大西編著（2011）に詳しい。

21) 1968年の国勢調査に基づいた高密度地域が旧西ドイツで24設定され，1991年の住民登録データに基づいた旧東西ドイツ全体での高密度地域は46地域におよぶ（Heineberg, 2001）。連邦地域・空間整備研究所による高密度地域として，①総面積が100 km²以上，②総人口15万人以上，③1 km²の人口密度が1,000人以上となる範囲であり，かつ④中核都市においては1 km²当たりの人口・労働者総数が1,250人以上を有する，⑤周辺地域では人口増加率か人口密度が基準値以上である，という基準が示されている（Zehner, 2001）。

22) 空間整備関係閣僚会議 MKRO は，1967年に設立された連邦と州の担当閣僚からなる協議体であり，連邦と州の間の調整を行うと同時に，空間計画に関する基本的な考え方を定める場とされる（国土交通省国土政策局ウェブサイト，2011）。その決定には具体的な法的拘束力や州の導入義務はないものの，各州の空間整備を方向づけることになる（森川，2017）。なお，MKRO はドイツ語の *Ministerkonferenz für Raumordnung* の省略であり，日本語では「空間計画に関する各州担当相連絡会議」（国土政策局ウェブサイト，2011），「空間整備政策・関係閣僚会議」（山田，2015），「空間整備閣僚会議」（森川，2017）などとされており，本稿では連邦と州の関係閣僚の協議組織であることを念頭に空間整備関係閣僚会議とした。

23) 1995年に空間整備関係閣僚会議において指定された6つの大都市圏は，「ベルリン・ブ

ランデンブルク Berlin/Brandenburg」「ハンブルク Hamburg」「ミュンヘン München」「ライン・マイン Rhein-Main」「ライン・ルール Rhein-Ruhr」「シュトゥットガルト Stuttgart」である（自治体国際化協会ロンドン事務所ウェブサイト，2018）。なお，1998 年に地域・空間計画連邦研究所は，長期・短期的人口変化や就業構造などの基準を用いて 6 大都市圏を提示しているが（Zehner, 2001），これらはいずれも上記とほぼ同様の範囲となっている。設定で用いられた指標は，居住地域構造と中心都市，長期的人口変化，人口構造と最新の人口変化，産業別就業構造，製造業者数と従業員数，失業率，社会的援助受給と収入，住宅市場と住宅供給，広域的機能である（Zehner, 2001）。

24）1997 年に EMD に追加されたのは，「ハレ・ライプツィヒ（ザクセン三角地帯）*Halle/Leipzig-Sachsendreieck*（現在の中部大都市圏）」である（山田，2025）。2005 年における 11 の大都市圏は，「ベルリン・ブランデンブルク」「ブレーメン」「フランクフルト・ライン・マイン」「ハンブルク」「ハレ・ライプツィッヒ」「ハノーファー」「ミュンヘン」「ニュルンベルク」「ライン・ネッカー」「ライン・ルール」「シュトゥットガルト」（Bundesamt für Bauwesen und Raumordnung und IKM Hrsgs., 2008）。

第5章

公的事業を通じた都市衰退地域の変容
－ニュルンベルクの都市再生事業を事例に－

　本章では，ドイツ・バイエルン州の有力都市であるニュルンベルクにおける都市再生事業に着目し，公的事業を契機とした都市衰退地域の変容をまとめたい。都市空間の形成・変容プロセスでの転換期において，都市政策などの法的・制度的な枠組みが整備され，既成市街地内への再投資による建物の建設や再開発を通じ，都市空間が再構築されていく。とくに都心や都心周辺のインナーエリアに位置づけられる密集した市街地の再構築を目指す公的な制度が，欧州各国において整備されてきた。中でもドイツでは第二次世界大戦以降，都市内部に立地する衰退建築物に対する諸対策が実施されてきた。その法的基盤の端緒は1971年の都市建築助成法[1] *Städtebauförderungsgesetz* であり，この下で連邦政府，州，地方自治体からの助成金による包括的な公的な事業である，都市再生事業（以下，再生事業）が実施されている（Heineberg, 1988）。ニュルンベルクにおける2つの地区での事業を事例として，事例地区レベルの空間スケールから再生事業に伴う都市内の衰退地域の変容を，建築物の形態的変化ならびに社会的変化という観点から捉える。

1 都市再生事業導入の背景と本章の視座

1.1 都市再生事業導入の背景
　再生事業導入の背景を明らかにするため，まず第二次世界大戦後におけるドイツ，主に旧西ドイツにおける住宅状況，また住宅政策を含めた都市政策を概観したい。大都市では戦災による住宅ストックの減少，旧自国領からの流入者

の発生，さらに「経済の奇跡」とも呼ばれる 1950 年代半ば以降の驚異的な経済成長による都市人口の増加を要因として，住宅難が深刻化した[2]。このため壊滅的な被害を受けた既成市街地の住宅が再建されるとともに，郊外において住宅地が新たに開発された。その結果，1970 年代初頭までに住宅ストックは住宅需要を上まわり，需給バランスが回復した（McCrone and Stephens, 1995：45-48）とされる。切迫した住宅不足から 1950 〜 1960 年代の都市政策では住宅供給が重視され，その中心課題は，都市住宅地域の改良であり（Killisch, 1986：113），主に 2 方面から進められた。第 1 に，郊外において新たに住宅地が開発される郊外開発が推し進められ，人口密度の低い都市外縁部へと人口の郊外化も進展した。これに関連して 1950 年代には住宅地拡大に対する地方自治体による規制・誘導が困難となる事態も生じたため，1960 年代以降，都市開発に関する都市計画制度が整備された。都市建築や都市発展において大きな役割を果たしたのは，1960 年の連邦建築法 *Bundesbaugesetz von 1960* であった（Heineberg, 2001：227）。本法の下で基礎自治体は，その権限において全域を網羅する土地利用準備計画 *Flächennutzungsplan* を定め，拘束力のある建築指導を可能とする地区詳細計画 *Bebauungsplan* を通じて都市建築や都市発展を計画的に実現していった[3]。こうした制度の下で多くの大規模住宅団地が，計画的に開発され，郊外住宅地域を形成した[4]（Nützel, 1993：11-16）。

　都市住宅政策では第 2 に，既成市街地周辺の新規の開発ととともに，既成市街地内の特定地域の改良を目指す公的事業が実施された。当初，これらの事業は主に 1960 年の連邦建築法に依拠して実施されたが，開発手続きや助成金の取り扱いなどに関する規定が未整備であったため，それらを定める法律の制定が不可欠であった。公的事業が必要とされた背景には，特定地域で進行した居住環境の悪化，すなわち住宅の機能的・形態的劣化と社会的衰退があった。旧西ドイツでは 1960 年代以降，ドイツ人の中心都市から郊外地域への人口の郊外化が進行した（Eckart, 2000：87-91）。その一方で 1960 年代以降に外国人労働者が急増しており，都市中心部周辺の低家賃である改修の不十分な衰退建築物[5]に入居する傾向にあった（Müller,1985：381-383）。1970 年代には都市内部における外国人労働者の特定地域への集積と，それに付随する問題も社会的

関心事となった（山本，1995：134-141）。これらの特定地域では外国人の集積に加えて高齢化も著しく，建築物の形態的衰退と人口構造上の社会的な停滞傾向が進行していたため，公的事業による地域再開発の社会的要請が高まっていた。

以上のような状況の中で1971年に都市建築助成法が制定され，同法に基づく再生事業が開始された。1970年代の再生事業においては面的更新（再開発）Flächensanierung という考え方に基づいて多数の建築物が取り壊され，より大規模な建築物へと改築された。しかし，住宅地域の歴史的特性に対する配慮に欠け，既存の社会組織や近隣関係を破壊することが批判された（Wiessner, 1988）。折しも1975年の「ヨーロッパにおける歴史的建造物保存年 Europäisches Denkmalschutzjahr」に代表されるように経年建築物の保存に対する社会的関心が高まっており，1977年の所得税法第7b条の改正により経年建築物の維持と管理を行う場合の所得税の控除が実施されるとともに，1978年の住宅近代化・省エネ法 Wohnungsmodernisierungs- und Energieeinsparunungsgesetz 制定を契機に老朽化した住宅設備機器の近代化の助成制度が整備された（Heineberg, 2001：126-127）。こうした社会的動向を反映して1970年代後半以降の都市再生事業においては，現存する建築物をはじめとした既存資源の再利用がより重視されるようになり（Renner, 1997），これらは一般に「地域維持の都市再生 Erhaltener Stadterneuerung」または「慎重な都市再生 Behutsamer Stadterneuerung」と呼ばれ，住宅の改修，街路整備による交通騒音の軽減および公園・緑地整備といった周辺環境の改善を重点的に行っていった（Daase, 1995：30-31）。

1980年代半ば以降には "Behutsamer Stadterneuerung" の概念を拡大・延長し，社会組織を含めた地域社会・自然環境を維持・補完する「生態的都市再生 Ökologische Stadterneuerung」[6] も登場している（Schatz und Sellnow, 1997：543-556）。「生態的都市再生」および「慎重な都市再生」では，とくに街路緑化や宅地の緑化を通じた住宅地域の環境改善が積極的に進められていることから，都市空間における環境整備型の都市再生事業と判断してよいだろう。また，1986年には都市建築助成法が，連邦建築法典 Bundesbaugesetzbuch の一部に発展的

に統合される。この統合は，都市再生を効率的に実施するための法的基盤の整備というだけでなく，都市再生事業を都市開発や都市建設の重要な手法の一つとして法体系の中に位置づけた出来事とみることができる。1990年代後半にはいわゆる「社会的都市 Soziale Stadt」事業が追加され，建築物の形態的改善のみならず特定の社会的課題の解決に，より重点が置かれている（Walther, 2002：527-538）。2001年までに連邦政府と州からの助成を受けた公的事業は約3,500であり，両者から拠出された助成金の合計は88億2千万マルクに達する[7]（Eltages und Walter, 2001）。

1.2　本章の視座

　既往研究を簡潔にまとめながら，本章の目的を明らかにしたい。再生事業が地域変容におよぼす影響に関して，第1章で触れたように，Müller（1985）のニュルンベルクの事例，Lochner（1987）のインゴルシュタットの事例，さらにDaase（1995）によるハンブルクにおける事例を通じて，中・長期的に事業を通じた建築物の改良や商業環境の改善が生じる一方で，賃貸住宅などでは家賃上昇が生じ，低所得者層を中心にした既存住民が地域外へと転出していることが明らかにされている。ただし，Müller（1985）やLochner（1987）の研究は，いずれも住宅の除去と改築という面的再開発の性格の強い再生事業を分析しており，社会的・環境的配慮が重視され始めた時期の再生事業は研究対象とされていない。Daase（1995）が事例とした再生事業も，その基本計画は1970年代前半から策定されたものである。

　また，1990年代半ばでの再生事業区域内では，公的事業による直接的な働きかけに加えて民間投資を通じた建物の改修や改築が行われていることが指摘されている（Hatz, 2001）。1980年代半ば以降の環境整備型の再生事業では，区域内において建物の形態的変化や社会的変化が波及的に生じているものと推測されるため，再生事業区域内全体で形態的・社会的変化を検討すべきだろう。ただ，Schatz und Sellnow（1997）は，ニュルンベルクにおいて1980年代後半に実施されている「生態的都市再生」を取り上げ，その事業計画の内容を解説したが，実際の地域変容の分析は行っていない。このように1980年代以降に

実施された再生事業による地域的変容について，事業区域全体での形態的・社会的な変化という観点から検討する余地があり，とくに再生事業の立案・実施時期を考慮して複数の事例を取り上げて比較検討することで，公的事業を通じた都市再生の特徴の一端を明らかにできるだろう．分析では，既往研究で扱われた人口構造変容に代表される社会的側面に着目するとともに，人口特性の変化と住宅の機能的・形態的変化とが不可分に結びついていることを考慮して，初期の再生事業で重視された公共施設整備や住宅の機能的・形態的側面をみていく．住宅の機能的・形態的な変化に関し，Wiessner（1987）は1975〜1983年における住宅所有者による住宅施設の近代化を分析した際，浴室，暖房設備，窓枠を取り上げており，本章でもそうした住宅設備機器に着目した．

　以上のような観点をふまえ，本章では特性の異なる2つの再生事業の比較を行いながら，ドイツにおける再生事業に伴う住宅地域の変容を，建築物の形態的変化ならびに社会的変化の観点から明らかにしていく．次節において，事例とした都市であるニュルンベルクにおける再生事業の展開を概括した後，第3節において事例地区レベルでの公的事業を通じた地域変容を分析する．分析では第1に，建築物に関わる形態的・機能的変化を明らかにするため，再生事業前後における建物密度の変化，また住宅設備について集中暖房設備（建物単位でのセントラルヒーティング設備）や浴室の設置率の変化をみていく．第2に，人口構造における社会的変化を考察するため，住民の年齢構造や外国人率の変化を分析した．

　事例とした都市は，都市中心部の住宅地域における再生事業を1970年代から積極的に実施してきたバイエルン州ニュルンベルクとし，再生事業における事業内容の差異を考慮するため1970年代半ばから1980年代に実施された2事業に着目する．再生事業の実施過程と事業内容に関する分析では，まず事業主体である同市住宅・都市再生局，および測量局（現，地理情報・整地局）の保管する都市計画や事業費に関する記録を利用する．さらに2000年10月と11月に行った事例地区での土地利用調査，および同市統計局の保有する非集計の統計資料（以下，統計局資料）を用いて，事例地区における再生事業前後の建築物の形態的変化および社会的変化を分析する．統計局の保有する非集計

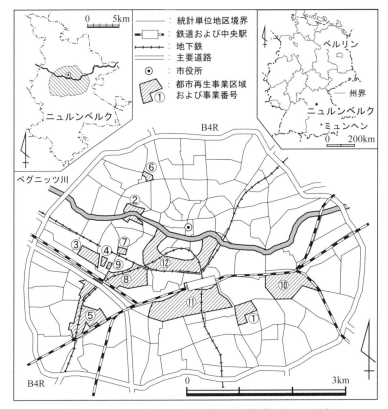

図5-1 ニュルンベルクにおける都市再生事業区域（1998年）
図中の番号は表5-1の事業番号に対応する。Stadtplanungsamt Nürnberg 資料より作成。

の統計資料においては，利用可能な年次が限定されており（1968年，1987年，1998年，および1980年の一部），本章ではこれらの年次の資料を利用する。

2　ニュルンベルクにおける都市再生事業の展開

　研究対象地域であるニュルンベルクは，バイエルン州の北部に位置し（図5-1），市域面積は，日本の東京都八王子市（186.4 km²）とほぼ同じ1.9万ha（186.4 km²）と，ドイツ国内では第95位となる面積を有する（Statistisches Bundesamt

第 5 章　公的事業を通じた都市衰退地域の変容　97

写真 5-1　ドイツ・ニュルンベルク旧市街地の中心商業地区
ニュルンベルクの旧市街地には，赤色砂岩の歴史的建築物が数多く残
されており，それらの建物や近代建築物が小売店舗や飲食店などに活
用されている。中央には 2 本の尖塔やステンドグラスなどが特徴的な，
15 世紀半ばに完成したゴシック様式の聖ローレンツ教会 *St. Lorenz* が
みえる。2015 年 5 月，筆者撮影。

Website, 2024)。人口は，調査実施年に近い 1998 年末において 48.7 万 (Deutscher Städtetage Hrsg., 1999 : 25)，2022 年末では国内第 14 位となる人口 52.3 万を有する（Statistisches Bundesamt Website, 2024)。同市は，中心部に商業施設が集積し（写真 5-1)，古くから製造業が発達する商工業都市として知られ，フランケン地方 *Franken* と呼ばれる州北部の中心都市となっている。また，市内には，連邦労働局 *BfA : Bundesagentur für Arbeit* や，公共研究機関である連邦労働市場・職業研究所 *IAB : Institut für Arbeitsmarkt- und Berufsforschung* などの国やその出先機関が置かれ，民間企業の支店や営業所も多数立地しており，同市は国内主要都市の一つといえる。同市では，1950 年代の全国的な経済発展期において地域経済が復興し，これ以降，一時的な景気後退期を除いて 1970 年代前半まで経済は順調に発展を遂げた。経済成長にあわせて当市の人口は継続的に増加しており，1950〜1972 年において 42.3％増加し，1972 年には 50 万を超過した。

ただし，1960 年代以降において市全体の人口は増加したものの，国籍別に

みるとドイツ人人口は減少に転じている。ドイツ人の減少は，人口郊外化と関連しており，都市中心部に居住する住民による郊外住宅地域への転出が，1950年代半ばから進行し（Beck, 1972：27-31），1970年代以降にはニュルンベルク都市圏における人口郊外化が統計上でも明瞭となった（Maier und Troeger-Weiß,1990; Höhne et al., 1998）。その一方，外国人は，1966～1967年における景気後退期を除いて1970年代前半まで一貫して増加している。外国人増加は，ガストアルバイター Gastarbeiter と呼ばれる外国人労働者の流入に起因していた。ニュルンベルクでは1960～1970年代前半においてギリシャ系外国人労働者の増加が著しく，ドイツ国内で比較しても集積度が高い地域であった（山本，1982）。統計資料によれば，1970年代後半以降にはトルコ人が，著しく増加し，1998年末においてトルコ人が外国人総数に占める割合は27.0％であり（Amt für Stadtforschung und Statistik, 1999a：32-33），当市における最大の外国人集団となっている。外国人は低家賃の衰退建築物に入居する傾向にあり，それらの多く立地する都市中心部周辺には，外国人労働者や高齢者などの低所得者層が集住したため，人口動態ならびに経済的環境において停滞傾向を示す地域が形成された。さらに，1970年代前半までの人口増加は，住宅建築のための土地需要を発生させたが，都市中心部での開発適地が僅少であり，都市内部の老朽化住宅の改修と改築を通じた住宅供給の必要性に迫られていた（Stadtvermessungsamt und Stadtplanungsamt, 1990：4-14）。

　このため市当局は，州・連邦政府と連携し，都市建築助成法を法的根拠として衰退地域の形態的・社会的改変を目指して再生事業を実施した。1998年までに12事業が実施され[8]，7事業が完了または2003年までに完了予定である（表5-1）。事業区域に居住する人口は，合計で約3.8万であり，1998年の市域人口の7.8％を占めている。事業面積は10 ha未満の中・小規模（事業番号1，2，4，6，7，9）と，それ以上の大規模事業に大別でき，前者においては1 ha当たりの事業費が220万～5千万マルクと高額であるのに対して，後者ではいずれも110万マルク以下と低水準にとどまっている。両者の間にみられる単位面積当たりの事業費の違いは，双方の事業内容の特性に基づいている。大規模事業では敷地形状の変更を伴わない街路整備や，街区公園・緑地整備など建築物以外の環

表 5-1　ニュルンベルクにおける都市再生事業の概要（1998 年）

事業番号	事業名称	事業期間	人口 (1998年)	事業面積 (ha)	事業費 (百万マルク)	1ha当たりの事業費 (百万マルク)
1	Bleiweiss（ブライバイス）	1973-85	1,934	8.2	35.0	4.3
2	Kleinweidenmühle	1979-(2003)	617	4.4	9.8	2.2
3	Gostenhof（ゴステンホフ）	1981-88	2,584	10.5	12.0	1.1
4	Jamnitzer Park	1981-89	0	1.3	4.6	3.5
5	St.Leonhard	1983-(2003)	6,426	26.2	7.1	0.3
6	Kirchenweg	1986-98	553	2.6	15.0	5.8
7	Kieselbergstraße	1987-	443	1.2	4.5	3.8
8	Gostenhof-Ost	1988-	4,900	25.0	20.7	0.8
9	Obere Kanalstraße	1990-(2003)	193	0.6	30.0	50.0
10	Gleißhammer/St.Peter	1992-	5,182	36.5	11.2	0.3
11	Galgenhof/Steinbühl	1996-	11,500	63.3	14.0	0.2
12	Altstadt-Süd	1998-	3,428	46.5	10.0	0.2
	合計		37,760	226.3	173.9	(12事業平均=0.77)

終了年をカッコでくくったものは予定年を示す。
Amt tur Geoinformation und Bodenordnung および Amt für Wohnen und Stadterneuerung 資料より作成。

境整備が中心であり、「慎重な都市再生」の特性を有する環境配慮型の再生事業とみることができる。これに対して、小規模事業では老朽化・衰退住宅の多く含まれる住宅地域が対象とされ、環境整備費用のほかに敷地形状の変更を伴う整地や衰退建築物の改修・改築に多額の費用が支出されており、面的再開発型の再生事業の特徴を有する。

　12事業の空間的分布は、市役所を基点とする都市中心部の南部および西部に偏る（図5-1）。これは都市形成史と密接に関連している。同市では19世紀後半から20世紀前半にかけての工業化時代において、南部および西部を中心に工場が建設された（Endres und Fleischmann, 1996：10-25）。近隣にはこれらの工場地帯へ通勤する工場労働者を主な入居者とする住宅が多数建築されたが、その多くはレンガやモルタル作りの狭小な住宅であり、暖房やトイレといった住宅設備が備わっていなかったばかりでなく、時代を経る中で地域内では公共施設が不足・欠如するといった居住環境問題も抱えることになる（Stadtvermessungsamt und Stadtplanungsamt, 1990：4-14）。とりわけ中央駅の南部にあたる駅近隣地域、および都市中心部の南西部にあたる鉄道沿線地域やその近隣地

域には，規模の異なる工場が，2000年時点で多数残存しており，周辺には維持・改修の不十分な衰退建築物が多く立地している。これら住宅地域における建築物の老朽化に代表される建築環境の悪化，外国人や高齢者などの低所得者層の滞留などの社会的課題，小売店舗の減少などの経済環境の悪化などが，地域的な課題として認知され，その対策が社会的に要請されていた。これらを背景に，市の都市再生政策の一環として再生事業が計画・実施されたのであった。

2000年に完了済み，もしくは完了予定の7事業のうち，本章では初期の再生事業に着目するとともに，1ha当たりの事業費の多寡にみられる事業特性の差異を考慮し，事例地区を選択した。都市中心部南部に位置し，事業費が高額となっている面的再開発型の再生事業の事例としてブライバイス地区（事業番号1），および南西部に位置し，事業費が比較的低額にとどまる「慎重な都市再生」の特性を有する環境配慮型の再生事業の事例としてゴステンホフ地区（事業番号3）を分析する。

3　事例地区における都市再生事業の展開

3.1　事業立案および実施過程

　面的再開発型の事例となるブライバイス地区は，都市中心部（市役所）から南に約1.5km離れ，中央駅までトラム（路面電車）で約5～7分の距離に位置する。当地区では主に1870年から1900年の期間に，5～6戸からなる4階建の赤レンガ造りの小規模住宅が多数建設された（Stadt Nürnberg Hrsg. 1970, Anlage 6）。多くの住宅では，住宅設備の維持・管理が不十分であり，建物の構造的な老朽化が進展していた。1960年代には高齢者人口が増加するだけでなく，外国人の割合も徐々に増加しつつあった。

　このため公的事業による地域再開発が，社会的にも要請されるに至り，市当局ならびに市議会は，1960年代に当地区における再開発事業を決定するとともに，1969年に土地利用を概括的に規定する土地利用準備計画において8.2haを事業対象地域に指定した（Stadtplanungsamt und Stadtvermessungsamt, 1984：1-3）。1971年の都市建築助成法によって連邦と州からの助成金を得ることが

表 5-2　ニュルンベルク・2 事例地区における都市再生事業の推移

年	地区名	
	ブライバイス	ゴステンホフ
1969	事業対象地域に指定	
1971	予備調査の実施	
1973	事業の正式決定→事業の施行	
1974	地区詳細計画策定（〜 1979）	
1975	住民集会，公聴会開催	
1978	建築物の取り壊し	予備調査の実施
1979		地区詳細計画策定（〜 1981）
1980		住民集会，公聴会開催
1981		事業の正式決定→事業の施行
1985	事業の完了	
1988		事業の完了

Amt für Geoinformation und Bodenordnung; Amt für Wohnen und Stadterneuerung 資料より作成．

可能となったため，当事業も同法に基づく再生事業として実施されることになり，同年に同法第 4 条に則り予備調査が行われ，1973 年に正式に事業が開始された（表 5-2）。1973 〜 1979 年に地区詳細計画が策定される過程において，その骨子となる事業計画案は公募され，応募 5 案の評価と選定のため 1975 年に住民集会および公聴が開催されるとともに，住民代表が参画して最終案を決定した（Stadtvermessungsamt und Stadtplanungsamt, 1990：41-43）。1978 年に建築物の取り壊しが始まり，翌年から建築物の改築および改修が実施された。

環境配慮型の事例であるゴステンホフは，都市中心部から南西約 2 km に位置し，中央駅まで地下鉄で約 10 分の距離にある。当地区では 19 世紀末に工場労働者の住宅が建設され，2000 年時点でその多くが利用されている。開発時には長方形街区 *Rechteckssystem* というコンセプトに基づいて長方形の街区各辺に建物が配置されるとともに，街区中央部分にはオープンスペースが確保された（Deutsche Akademie für Städtebau und Landesplanung Landesgruppe Bayern Hrsg., 1988：11）。しかし，工業化が進展するにしたがって中庭部分に狭小な建築物が増築され，一般住宅のほか，小規模工場としても利用されるなど，街区全体として，建築物が周密に雑然と分布した状態へと変化していく。住宅環境の悪化が著しく，筆者による住民への聞き取りによれば，1970 年代には「ガラス

片の地区 *Glasscherbenviertel*」とも評されるほど，窓ガラスや外壁の補修が行き届いておらず，住宅設備の維持・補修が不十分な地域であった。

　このため市当局は 10.5 ha を対象として再生事業を立案し，1978 年に事業区域の予備調査，公聴会等を経て，1979～1981 年に地区詳細計画を策定し，1981 年から再生事業を開始した（表 5-2）。住民との連携を図るため，市は広報誌を定期的に配布するとともに，ビデオによる説明会を実施しただけでなく，市役所の出張所を設置し，さらに地区での住民集会を開催した（Bundesminister für Raumordnung, Bauwesen und Städtebau Hrsg., 1985：40-41）。本事業では，建築物の取り壊し，および建て替えなどの住民生活への影響の大きな対策は最小限にとどまる一方で，既存建築物の改修や街路整備，また緑地の整備が重点的に行われた（同上：9-11）。こうしたことから，住民の生活の質を向上させる居住環境の改善を目指す環境配慮型の事業となっていることが理解できる。法的にも都市建築助成法に依拠しておらず，従来の連邦建築法典などを活用し，簡便な都市再生のモデル事業として国・州・市から助成を受けた（Amt für Wohnen und Staderneuerung Hrsg., 1983：22-23）。

3.2　再生事業に伴う建築物の形態的変化
(1) 事業費の支出細目に基づく事業内容

　まず，事業費の支出細目に基づいて事業内容の特徴を捉えてみたい（表 5-3）。面的再開発型の事例となるブライバイスでは，項目 2 の土地取得および項目 3 の移転補償の割合が，合計で約 5 割に達しており，土地を先行取得した上で，居住者の移転が必要となる建物除去が実施されていることを示している。これに加え，項目 4 の道路整備および 8 の施設整備が，合計で約 4 割と高い割合を占める。これらは，当事業が多くの建築物を取り壊し，生活道路を中心に街路網を整備するだけでなく，敷地形状を変更することによって狭小敷地の解消を図り，また公共施設整備を進めるという古典的な面的整備事業であることを示している。街路整備や公共施設用地の創出においては，土地の先行購入および区画整理の手法が用いられた。このため土地購入の予算手当に時間を要しただけでなく，計画の立案と所有者との合意形成，建築物除去，整地，改築を

表 5-3 ニュルンベルク・2 事例地区における事業費の内訳

(単位：百万マルク)

項目	ブライバイス	(%)	ゴステンホフ	(%)
1 予備調査	0.8	(2.4)	0.1	(0.8)
2 土地取得	14.0	(42.3)	2.2	(18.3)
3 移転補償	2.4	(7.3)	1.7	(14.2)
4 道路整備	7.4	(22.4)	1.7	(14.2)
5 敷地整備	0.6	(1.8)	0.7	(5.8)
6 改築助成	1.9	(5.7)	2.7	(22.5)
7 改修助成	0.0	(0.0)	2.8	(23.3)
8 施設整備	6.0	(18.1)	0.0	(0.0)
9 その他	0.0	(0.0)	0.1	(0.8)
合計	33.1	(100.0)	12.0	(100.0)

ブライバイスの合計金額は 2001 年の資料に基づいたため，表 5-1 の事業費と一致しない。
Amt für Geoinformation und Bodenordnung および Amt für Wohnen und Städterneuerung 資料より作成。

慎重に進める必要があり，1973年の事業開始から5年後に実質的な取り壊しが開始されるなど事業長期化の一因となった。また，当地区における改築では，項目6の改築助成が活用されたほか，項目3に含まれる移転補償，各所有者の自己資本，ならびに金融機関からの融資より実施された。

　一方，環境配慮型の事例であるゴステンホフでは，項目2の土地取得と項目4の道路整備が低額であったため，支出の合計も，ブライバイスを大幅に下まわっており，比較的低い水準の金額となっている。当地区では項目6と7の改修と改築費用が，事業費全体の約46％と高い割合を占めている。本事業では現存の建築物において暖房や浴室などの住宅設備を新たに設置し，手入れの不十分な外壁が修繕され，さらに衰退の著しい住宅は改修されており，これらに対する支出が中心となっている。項目2の土地取得および項目3の移転補償は，ブライバイスほど高い割合ではないが，14～18％と一定の割合を占めており，緑地整備や建て込み緩和を目的にした中庭の建築物の取り壊し，さらに改築が一定数実施されたことを反映している。なお，当地区では公共施設などの項目8の施設整備に関する支出がみられないが，その背景には当地区の北側隣接街

図 5-2 ニュルンベルク・ブライバイス地区における都市再生事業に伴う形態的変化
(1974 ～ 2000 年)
2000 年 11 月の現地調査および Stadtplanungsamt und Stadtvermessungsamt (1984) より作成。

区に小学校・職業学校・幼稚園などの教育施設，教会，公園，市役所出張所といった複数のコミュニティー施設が既に立地しており，新たな居住者向け施設整備の必要性が低かったことがあると指摘できる。

(2) 敷地形状と建築物分布の変化

次に敷地形状の変化および建築物分布の変化を考察する。面的再開発型の事

写真 5-2 ドイツでの都市再生事業を通じた居住環境整備
ニュルンベルク・ブライバイス地区において整備された車止めと歩行者専用道路が，写真中央に見える．2002 年 2 月，筆者撮影．

例となるブライバイスでは敷地形状を変更し，街路を新たに設置することにより，街区形状が大きく変化した（図 5-2）．敷地形状の変更では，主に土地の先行購入および土地区画整理の手法である減歩と換地によって，狭小敷地の整理・統合が進められ（Stadtvermessungsamt und Stadtplanungsamt, 1990：49-61），緑地や駐車スペースが創出されている．同地区では，敷地数は 193 筆から 131 筆に減少する一方，街区数は 11 から 15 に増加し，うち 2 街区は公共施設用地として整備された．さらに地区詳細計画に基づいて敷地および街路が整備され，車止め建設により歩行者専用道路と袋小路が設置されている（写真 5-2）．その結果，地区内を通り抜ける交通量が減少し，街区内での交通騒音と排ガスによる大気汚染が軽減した．これらを通じて街区全体での子どもや高齢者を中心に，徒歩や自転車での移動時における安全性が向上し，快適な居住空間の創出が図られるなど居住環境が改善していったとみることができる．

また，街区ごとの主要な変化をみた場合，取り壊された建築物は，西端の街区 4 と 5，南端の街区 11，および東側の街区 2, 3, 7 に集中している．特に街区 2, 3, 7 では狭小な建築物および工場施設が取り壊され，2000 年の土地利用をみると，街区 13 と 16 に幼稚園，青少年センター，地域社会センター *Sozialstation* が建設された．これらの街区には公的融資による社会住宅 *Sozialwohnung*, お

よび市の住宅供給協会 WBG による賃貸住宅が建設された。さらに南端の街区 20 には近隣住民向けの大規模立体駐車場が設置され，有料にて近隣住民が優先的に利用している。また，北端および西端の道路（A および C Road）沿いは，土地利用準備計画において住宅と商業・業務施設の混在型の土地利用に用途指定された。これを背景に，低層階に商業・サービス施設が入居する店舗・事務所兼集合住宅が，この区域に多数立地する。2000 年の土地利用では対象建築物 124 棟のうち，39.5％（49 棟）が店舗・事務所兼集合住宅であり，このうち 55.1％は北端と西端の道路沿いに立地している。

さらに街区 1，4，5，6，9 では，衰退建築物が取り壊されるとともに，中庭部分に設置された建築物が除去され，跡地は共有区画（敷地）として緑地や駐車スペースとして利用されている。緑地の多くは，通り抜けが可能であり，当該建築物居住者以外の近隣住民に開放されている。中庭の狭小建築物の除去により，街区 1，5，6，9 では建築物の建て込みの度合いは，大きく低下した[9]。ただし地区全体でみた場合，事業開始以前において街区 2 および 3 に空き地が多く含まれていたこと，街路整備のために敷地面積が減少した街区が多いことなどの理由から，建て込みの緩和はわずかであった。

環境配慮型の事例であるゴステンホフでは，建築物の建て替えはわずかであり，敷地形状の大幅な改変も行われていない。一方で，各街区の中庭部分での狭小な建築物の除去を通じた建物密集度の改善（建て込みの緩和）や，街路や中庭での緑地整備が行われており，住民が住み続けるための居住環境改善に関する一定の配慮がみられた。地区内での道路網は，大きく変化することはなかったものの，街路の一部は，緑地として整備され，これと連動して車道部分の幅員が狭められており，一部区間は車両の一方通行となっている（写真 5-3）。

また，主に住宅や事務所として利用されていた中庭部分の建築物が，13 棟取り壊される一方，7 棟が改築された（図 5-3）。物置・ガレージ以外の用途で利用されている建築物総数は，1981 年の 207 棟から 2000 年の 194 棟へと減少した。その結果，建て込みがわずかながら緩和され，建坪率は 1981 年の 64.7％から 2000 年の 62.1％と，2.6 ポイント減少した。一方でドアや窓の建具，浴槽やトイレなどの住宅設備の改修は，82 棟で実施されるとともに，16 棟の

写真 5-3　都市再生事業を通じた街路整備
街路の一部は緑地とすることで幅員を狭められており，一部区間は車両の一方通行となっている。2000年9月，筆者撮影。

外壁が修繕されており，両者をあわせると事業区域内の建築物の 47.3％において改修・修繕が行われた。改築は 7 棟が対象となるのみであり，いずれも社会住宅である。社会住宅は自治体による住宅政策の実現手段の一つであり，家賃収入による融資金の返還期間において中・低所得者向けの賃貸住宅となる[10]。当地区での社会住宅の割合は，1968年に 11.0％，1987年に 11.6％と漸増した。

街区ごとの変化では，再生事業によって取り壊された建築物が，西端の街区 1 および 3 に集中している。街区 2 では中庭部分の建築物が除去され，緑地が整備されたものの，これは当該建築物の居住者占有となっており，近隣住民に開放されていない。南部の街区 5 の中央部では近隣公園が設置されるとともに，公園西端には防火壁が建設された。公園は，近隣地区の住民にも開放されているものの，周囲が建物の壁面で囲まれた狭小な敷地であるのに加え，出入り口が 1 カ所と，通り抜けに利用することができない。このため公園は，休息や児童保育を目的として利用されるのみであり，平日日中の利用者はまばらである。

2000年の土地利用では，調査対象建築物 194 棟のうち，61.3％は集合住宅であり，居住目的で供される建築物が過半数を占めている。一方，小規模な小売店や個人経営の事務所といった店舗・事務所兼集合住宅は，28.9％（56 棟）で

図 5-3 ニュルンベルク・ゴステンホフ地区における都市再生事業に伴う形態的変化(1981〜2000年)
2000 年 11 月の現地調査および Bundesminister für Raumordnung, Bauwesen und Städtebau Hrsg. (1985) より作成。

あり,街路に面した敷地,特に北端と西部の道路沿い(A および B Street)に集積する。建築物の多くは,再生事業により改修を施され,住宅機器に加え電気・通信機器といった業務に不可欠な機能とともに,外壁の修繕といった建築

物の外観も改善されている．さらに街区1, 4, 6, 7, 8の中庭部分には，倉庫を含めた事務所あるいは工場が11棟立地しており，主に建設業の事務所・倉庫や作業施設として利用されている．いずれも再生事業以前から立地するものであるが，このうち7棟は，再生事業による改修・改築がなされておらず，機能的・美観的に管理の不十分な建築物が中庭部分に残存した．

(3) 再生事業に伴う住宅の形態的・機能的変化

再生事業に伴う住宅の形態的・機能的変化を，住宅戸数と床面積，また集中暖房設備と，トイレを含めた浴室のそれぞれの設置率を指標としてまとめる．まず住宅戸数では，ブライバイスが再生事業後において増加傾向を示す一方，環境配慮型の事例であるゴステンホフにおいて増加は認められない[11]．ブライバイスでは，住宅戸数は，再生事業開始よりも前に837戸であったものが，事業期間中に100戸程度減少したが，完了後に再び戸数が増加し，1998年に967戸と再生事業前の水準を上まわっている．これは主に工場跡地に社会住宅および住宅供給協会による賃貸住宅が建設されたことが主因であり，当地区での社会住宅の割合は1968年の16.5%から1987年には27.2%へと上昇している．ゴステンホフでは1968年以降，事業期間中の改築による一時的な減少を除くと事業前後において約1,100戸を維持しており，大きな変動はない．

また1戸当たりの平均床面積については，面的再開発型のブライバイスで増加が顕著である一方，ゴステンホフでの大きな変化は認められない．前者では再生事業によって狭小住宅が，多数取り壊されるとともに，社会住宅および住宅供給協会による賃貸住宅や一般住宅の改築によって面積にゆとりのある建築物が増したため，1戸当たりの床面積が著しく増加した．1戸当たりの床面積は1968年において50.1 ㎡と，ニュルンベルクの平均を14.2 ㎡下まわっていたが，1987年に62.7 ㎡，1996年には64.3 ㎡に達し，1996年では市平均との差は8.5 ㎡に縮まっている．市域を316の統計単位地区に分割した統計資料によれば，事業区域を含む統計単位地区において1994年から1998年に建設された住宅78戸の平均床面積は，70.2 ㎡である（Amt für Stadtforschung und Statistik, 1999b : 90-91）．この値は，ニュルンベルクの平均をわずか1.4 ㎡下まわる高

表5-4 2事例地区における住宅施設設置率の変化(1968～87年)

(単位:%)

	1968年	1980年	1987年
ブライバイス			
浴室	34.3	79.2	89.7
集中暖房施設+浴室	9.4	28.5	52.7
ゴステンホフ			
浴室	29.8	62.3	88.7
集中暖房施設+浴室	5.8	16.4	39.5
ニュルンベルク			
浴室	51.5	91.2	96.9
集中暖房施設+浴室	27.0	49.3	63.8

浴室にはトイレを含める。
Amt für Stadtforschung und Statistik 資料より作成。

い水準であり，こうした十分な広さを有する住宅の増加が，近年における床面積増加の一因といえる。

　一方，環境配慮型のゴステンホフでは，改築数は僅少であり，再生事業で行われた狭小住宅の取り壊しも少数であったため，1968年以降における平均床面積の変化はわずかであった。平均床面積は1968年の54.0 ㎡から，1987年に59.7 ㎡へと若干増加したものの，1996年は59.6 ㎡であり，3つの年次の比較において大きな変化はない。同地区では，狭小住宅が多数残存しており，1987年における床面積40 ㎡以下の住宅の割合は15.2%と，ブライバイスの10.1%，市平均の9.0%を大きく上まわる。さらに，ゴステンホフでは，2部屋以下の住宅の割合が高く，同地区は狭小住宅を多数含んでいるといえる。1987年における2部屋以下の割合は，ゴステンホフで16.4%に達しており，ブライバイスの11.9%，市平均9.9%を超過する。

　住宅機能における変化では，まず面的再開発型のブライバイスにおける浴室設置率の増加が顕著である（表5-4）。1968年における設置率は，わずか34%であったものの，1980年にかけて急激に上昇し，44.9ポイント増加した。これは市の増加と比較しても著しい増加であり，当地区では住宅所有者による自発的な改善に加え，再生事業による機能改善が一定の成果をあげている。さらに当地区における事業効果は，1980～1987年での集中暖房設備と浴室を併せ

持つ割合の変化に明確に現れている。この割合を両年次で比較すると，市平均では 14.5 ポイントの上昇にとどまっているのに対して，ブライバイスでは 24.2 ポイント上昇している。ただし，1987 年の設置率は，市平均よりも約 11 ポイント低い値であり，依然として他の地域よりも住宅機能が不十分な住宅が一定数残存しているといえる。

また，環境配慮型のゴステンホフでの浴室設置率は 1968 年以降，一定の割合で増加しているものの，その程度は，市平均での増加を下まわるだけでなく，1980 年における設置率自体も，市の平均よりも 30 ポイントあまり低い値にとどまっている。このため当地区では，1980 年代前半まで住宅所有者による自発的改修が不十分であったと判断できる。ゴステンホフでの再生事業が終了間近である 1987 年において浴室の設置率は 88.7% となったが，市平均よりも 10 ポイント程度低い値である。また集中暖房設備の設置率は，1980 年から 1987 年にかけて 23.1 ポイント上昇しており，一定の事業効果が認められるものの，1987 年における設置率は 40% 弱であり，市平均を大きく下まわる。集中暖房装置の設置においては建築物の構造を含めた大規模な改修が不可欠であるため，多くの場合，新しい建築物への建て替えや大規模な修繕を契機として工事が行われる。このため，改築件数が少数である当地区ではブライバイス地区ほど集中暖房設備の設置率が上昇しなかった。

これら機能的に劣る住宅は低家賃となる傾向にある。統計局資料に基づいて 1987 年における 1 ㎡の単位面積当たり平均家賃をみると，ニュルンベルクの平均において集中暖房設備と浴室を完備した住宅で 7.2 マルク，浴室のみの住宅で 5.2 マルク，両方とも設置されていない住宅では 4.3 マルクであり，住宅設備の違いが家賃の高低に強く影響している。このため設置率が低率であるゴステンホフには低家賃住宅が多く含まれることになり，平均家賃も低水準にとどまる。1987 年における平均家賃は，ブライバイスで 6.35 マルク，市平均で 6.40 マルクであるのに対して，ゴステンホフでは 5.52 マルクであり，同地区に安価な賃貸住宅が立地していることが分かる。浴室および集中暖房装置の設置率の低さは，機能的に不十分な低品質住宅が残存していることを示しており，中・低所得者層に属する若年単身者や外国人世帯などが，選択的に入居する一因と

なっている。山本（1980）が指摘しているように，外国人世帯は低家賃住宅を選択する傾向にあり，ゴステンホフにおける低家賃住宅の立地も外国人率の上昇に影響している。

　以上のように，面的再開発型のブライバイスでは面積的にゆとりのある住宅が一定量増加しつつあるとともに，住宅機能の改善も進展している。一方，環境配慮型のゴステンホフでは狭小な住宅が多数含まれ，住宅機能の改善や更新も不十分であることを背景として，低家賃の賃貸住宅が一定数残存している。

3.3　再生事業による人口構造の変容
(1) 人口変動の特徴

　再生事業前後における人口構造の変化として，1968年，1980年，1987年，および1998年それぞれの事例地区の人口を比較する。面的再開発型のブライバイスの人口は，1968年から1980年にかけて一時減少するものの，事業後となる1987年以降には増加に転じた[12]。1968年から1980年における人口減少は，まずニュルンベルクでの人口減少との関連を指摘できる。当市では地域経済が停滞した1970年代半ばから1980年代前半まで人口が減少した。特にドイツ人の減少が顕著であり[13]，当地区でもドイツ人の減少傾向が認められる。ただし，1968年と1980年の人口を比較した場合，市の人口は3.4%の増加であったのに対して，ブライバイスの人口は，逆に16.9%減少しており，再生事業に起因した地区外への転出が，人口変動に大きく作用したといえる。当事業では多数の既存建築物が取り壊され，主に地区外に立地した代替住宅へと転出する住民が多数存在していた。地区詳細計画では，地区外への転居を最小限とすることが原則とされたが，敷地形状の変更を伴う整地のため，約150世帯，約450名の転居が必要であった（Stadtvermessungsamt und Stadtplanungsamt, 1990：51）。住宅の自己所有者では，整地，改築，改修期間のみの一時的転居が大部分であったが，賃貸住宅の住民では地区外への転出となる者が多かった。事業期間において賃貸住宅世帯のうち60世帯が転出し，希望者は市当局が準備した社会住宅に入居した（同上）。再生事業が完了した1985年以降には，住宅戸数も増加したため，人口は増加傾向を示している。

一方，環境配慮型のゴステンホフの人口は，再生事業前後に若干の減少はあるものの[14]，大きく減少しておらず，再生事業による直接的な人口変動への影響は小さかったといえる。事業前後における減少も，単身世帯の増加，世帯規模の縮小，ならびにドイツ人居住者の転出を主な背景としており，1970年代後半以降に継続している減少傾向を反映したものと推測できる。具体的には，単身世帯の割合は，1968年に36.7％であったが，1987年に51.8％と増加しており，いずれの年次も市平均を約10ポイント超過する高い値となっている[15]。また，1968年における1世帯当たりの平均人員数は，市平均2.4人を下まわる2.1人であり，1987年になるとさらに減少し，1.9人となった。さらに1987年から1998年にかけても住宅戸数が漸増したにもかかわらず，人口が減少し続けており，再生事業が人口変動に特に大きな影響を与えているとはいえない。当地区における再生事業に伴って急激な人口変動が生じなかったのは，既存建築物を活用する改修が多かったために転出者が少数にとどまった点を要因の一つとして指摘できるだろう。

(2) 5歳階級別人口の変化

次に，1968年および1998年における5歳階級別人口ピラミッドに基づいて人口構造の変容を考察する。まず，両地区ともに65歳以上の高齢人口の割合が低下している（図5-4）。高齢人口の割合は，1968年と1998年の市平均において14.1％から17.5％へと3.4ポイント増加しているのに対して，同時期に面的再開発型のブライバイスでは18.8％から7.8ポイントの減少，環境配慮型のゴステンホフでも19.6％から9.6ポイントの減少となっている。とりわけドイツ人高齢者の減少が顕著であり，ブライバイスにおいて8.4ポイントの減少，ゴステンホフにおいて11.0ポイントの減少となっている。1968年においては両地区ともに女性高齢者が高率に及ぶが，当時ドイツ人戦災寡婦が多数居住していたことに加え，単身高齢者が居住可能である低廉な賃貸住宅が多数立地していたことも影響している。また，住民は自地区に対する強い愛着を抱いており，高齢者を中心にした長期居住者にはこの傾向が顕著であり（Müller, 1985），転居を主体的に行う環境にはなかった。ただし，これらの住宅の多くは老朽化

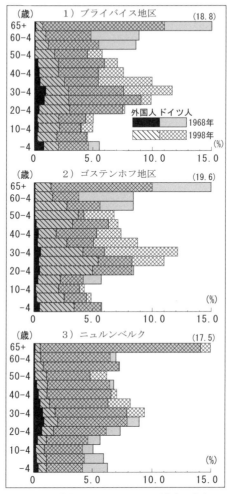

図 5-4　ニュルンベルク・2事例地区における人口構造の変容（1968～1998年）
Amt für Stadtforschung und Statistik 資料より作成。

が進展しており，エレベータなどの昇降設備も不備であるため，高齢者の日常生活に支障をきたしており，長期的な傾向として加齢に伴う介護施設などへの転出や自然減によって徐々にその割合が減少した。

　高齢人口の減少を補完する形で 1998 年には 25～54 歳人口の割合が，両地

区で増加しており，国籍別ではいずれの年齢層においても外国人が増加している。まず年齢層でみた場合，25〜54歳人口が占める割合を1968年と1998年で比較すると，市平均では41.3％から45.3％へと4.0ポイントの微増にとどまっているのに対して，ブライバイスでは37.9％から14.0ポイント，ゴステンホフで35.2％から18.0ポイントそれぞれ大幅に増加している。人口増加の中心となっている25〜54歳人口では，単身世帯を中心にした小規模世帯が多数含まれると推測される。転入者のみを対象とした年齢層別人口は明らかではないものの，1968〜1987年の期間において単身世帯数が，両地区で増加していることに加えて，1987年では両地区ともに総世帯の約半数が単身世帯となっている。さらに，1世帯当たりの人員数も，両地区ともに減少しており，1987年における平均世帯人員は両地区ともに1.9名であり，市平均の2.0名を下まわる。

両地区の外国人率は，1968年にはブライバイスで5.3％，ゴステンホフで3.8％であったものの，1998年にはそれぞれ28.2％，42.6％と，急激に増加している。1998年におけるニュルンベルクの外国人率は，16.6％であり，両地区の割合は，市平均の1.7倍と2.6倍に及んでおり，都市中心近隣の居住を志向する外国人が，多数転入していることを物語っている。年齢構造の変化は，高齢者の自然減に加え，これら25〜54歳人口に区分される外国人の転入が大きく作用している。ただし，ブライバイスでは25〜54歳人口において外国人の増加に加えて，ドイツ人の増加も認められる[16]。当地区で増加した社会住宅と住宅供給協会の賃貸住宅へのドイツ人，および一定の条件を満たす外国人世帯の入居に加え，改修済みの高家賃賃貸住宅へのドイツ人世帯の入居が要因となっている。

また，1998年の市平均において著しい割合の低下が認められる19歳以下人口では，両地区ともに微増，もしくはわずかな減少となっており，特徴の一つとして指摘できる。ドイツでは全国的に出生数が2000年にかけて低迷していたにもかかわらず[17]（厚生労働省ウェブサイト，2021），両地区で19歳以下の若年層が高い割合を維持していることから，19歳以下人口が一定量流入していると判断するのが妥当であろう。児童を対象とする養護施設といった若年人口を増加させる施設は，両地区ともに立地していないため，19歳以下人口の

表5-5　2事例地区における住民の居住継続年数（1996年）

(単位：%)

		5年未満	5〜10年	10年以上
ブライバイス	全体	50.0	17.4	32.6
	ドイツ人	44.6	17.7	37.7
	外国人	62.1	16.7	21.2
ゴステンホフ	全体	49.3	15.3	35.4
	ドイツ人	45.5	15.4	39.1
	外国人	54.5	15.2	30.2
ニュルンベルク	全体	42.1	15.3	42.7
	ドイツ人	37.3	15.6	47.1
	外国人	65.4	13.5	21.2

割合の算出において四捨五入を行ったため,合計は必ずしも100%にならない。
Amt für Stadtforschung und Statistik 資料より作成。

多さは，その親世代である人口の増加を意味しており，増加の顕著な25〜54歳人口を親世代とみなすことが可能である。既述の通り，25〜54歳人口には転入者が多く含まれており，この年齢層の親と19歳以下の子から構成された二世代世帯が，両地区に継続的に転入していると判断できる。

　ただし，両地区への転入世帯には異なる傾向が認められ，環境配慮型のゴステンホフでは主に外国人世帯が増加しているのに対して，面的再開発型のブライバイスにおいては外国人に加えて，子どものいるドイツ人世帯が一定の割合で増加している。1998年におけるブライバイスでの25〜54歳人口および19歳以下人口をみると，いずれの年齢層においてもドイツ人の占める割合が高く，ゴステンホフの同一年齢層に占めるドイツ人の割合よりも高い値である。このためブライバイスでは外国人世帯に加え，子どものいるドイツ人世帯も一定量転入していると推測できる。一方，ゴステンホフの19歳以下人口では，外国人の割合がいずれの年齢層においてもドイツ人よりも高く，なかでも4歳までの年齢階級の割合では，約6割を外国人が占めている。親世代に該当する20〜54歳の外国人の割合も高率に達しており，ゴステンホフではこれらの年代を中心にした外国人世帯が多数転入している。ただし，35〜45歳人口において外国人の割合が急激に低下しており，これは短期間で他地区へ転出する外国人世帯が多いことを示唆している。

一般に賃貸住宅での居住年数は，自己所有住宅よりも短期間となるが，賃貸住宅の割合が高い[18] 両地区ともに，この傾向が認められ，住民の居住継続年数は 10 年未満の短期間となっている（表 5-5）。統計局資料によると，1996 年における居住継続年数 10 年未満の割合は，両地区ともに 70% 近くに達している。特に外国人に着目した場合，両地区ともに過半数が，居住を開始して 5 年未満となっている。これらの数値は，現住地における短期居住者の多さを示すものであり，同一地区内での転居もあるため，必ずしも短期間で地区外に転出する人口が多いことを意味するわけではないが，他地区への転出までの期間も短いと推測される。市域を 316 の統計単位地区に分割した統計資料によれば，事例地区を含む統計単位地区において 1993〜1998 年の期間に転出入を行った者の人口 1,000 当たりの値は，ブライバイスで転入 203 名，転出 215 名，またゴステンホフで転入 186 名，転出 241 名であり，いずれも市平均（転入 147 名，転出 149 名）を大きく上まわり（Amt für Stadtforschung und Statistik, 1999b：26-39），これは上記の推測を裏付けるものといえる。

4　都市空間変容における都市再生事業の役割

　本節では，1970 年以降の経済的・社会的変化を概括的にまとめ，ニュルンベルクの地域社会や経済の変化という観点から，都市空間変容に与える再生事業の役割を考察する。まず，ドイツ全体でみると 1970 年代前半までに都市人口の増加は終了し，1980 年代前半までの経済低成長期のもとで人口，特にドイツ人の郊外化が進展した。同時期には都市中心地域では高齢化が進展し，近隣世帯との社会的結合を重視する一方で低収入でもあった単身高齢者は，低家賃の賃貸住宅に住み続けた。また，ヨーロッパ内部および他地域との経済格差に基づき 1960 年代以降において外国人労働者が流入し，低賃金の労働力として専門知識や高度な技能を要しない製造業や単純サービス業に進出していった。転入外国人は，景観的・機能的な衰退傾向にある低家賃の賃貸住宅へ入居した。これらの住宅が集積する既成市街地では，住宅の形態的衰退と社会的停滞傾向が顕著となり，その対策が社会的要請となりつつあった。

1970年代前半に都市住宅の需給バランスが回復し，さらに経済の低成長も加わり，住宅投資の減少と住宅供給の低減がみられるようになった。莫大な費用を要する都市内部での大規模住宅団地開発も1980年代に徐々に収束へ向かう。都市政策では都市再生に関する施策が注目され始め，1970年代から1980年代前半にかけて既成市街地内部の老朽化・衰退建築物の再生・再利用が重視されていくようになる。1971年の都市建築助成法によって都市内部の再開発，とりわけ住宅地域の再生を目指す公的事業を法的・財政的に支援する枠組みが整備された。

　ニュルンベルクにおいて実施された再生事業のうち，ブライバイスでの再生事業は，初期に立案・実施されており，敷地形状を変更する整地を伴う面的再開発としての性格が強い事業となっている。短期的には整地による敷地形状の変更に伴い，街路や緑地などの公共空間が整備され，公共施設や公的な住宅も建設された。同時に建築物の戸数や床面積などの量的拡充，住宅設備の改善にみられる質的改善が進展するとともに，転居を余儀なくされた世帯が多数存在したため人口構成も変動した。さらに中・長期的には，公共施設整備や住宅設備の改善によって住宅環境全般が向上したため，地区内の地価や不動産価値も高められた[19]。また住宅床面積の増加は，子どものいる世帯が入居可能な広めの住宅が増えていることを意味し，中・長期的にみた場合に外国人世帯に加え，子どものいるドイツ人世帯も増加する一因となっている。一方で，単身世帯，若年世帯向けの小規模住宅も多数立地しており，このため20～54歳人口に属する小規模世帯が流入し続ける一方で，短期間で転出する傾向も生じた。

　初期の再生事業が実際に施行され様々な問題が露呈すると，その反省をふまえて事業内容が修正された。近隣地域における社会的つながりを断ち切ることが批判されたのを受け，1980年代以降になると既存住民の転出を最小限にする環境配慮型の事業が重視され始めた。その嚆矢としてゴステンホフにおいて自然・社会的環境にも配慮した事業が実施され，敷地形状の変更を最小限にしながら街路・緑地整備，改修と改築が行われた。低家賃の住宅が残存したため事業後も継続して居住することが可能であったが，住宅設備の量的・質的改変は不十分であり，居住環境整備という観点から判断すると，再生事業による改

善は決して十分ではない。また，事業後も残存した小規模，かつ不十分な住宅機能である住宅は，長期的にも低家賃住宅にとどまり，低収入である単身者や外国人世帯の増加の一因となっている。これら20〜54歳人口に属する小規模世帯は短期間で転出する傾向にあり，これは人口の定着率の低さを意味し，頻繁に繰り返される住民の入れ替えにより，地域社会内部における近隣関係の形成・維持が困難になっている。

5　小括

本章では，ドイツ・ニュルンベルクにおける事業時期ならびにそれに起因して性格の異なる2事業を事例として，再生事業に伴う衰退地域の変容を建築物の形態的変化ならびに社会・経済的変化の観点から明らかにした。ドイツにおいては1970年代前半に大量住宅供給が一段落し，既成市街地での衰退建築物の再生・再利用を目指す再生事業が整備・実施された。公的資金による再生事業は，住宅の形態的・機能的改良や，人口構造変化などの観点から地域変容に一定の影響を与えた。特に初期の面的再開発の考え方に立脚した再生事業では，短期間において敷地形状が改変され，街路や公共施設が整備された。また，住宅が改築・改修されることにより，住宅が形態的・機能的に大きく変化するとともに，転居を余儀なくされた世帯が多数存在したため，人口構成も短期間に変化した。さらに中・長期的にも，街路・緑地や社会施設の整備によって住宅環境全般が改善され，地域全般における建築物の不動産価値も高められた。社会住宅や住宅床面積にゆとりのある住宅も増加したため，外国人世帯に加え，ドイツ人世帯も増加している。一方，単身世帯，若年世帯向けの小規模住宅も多数立地しており，これらに20〜54歳人口が転入し続けているものの，短期間で転出する傾向も認められる。

初期の再生事業に伴って現出した諸問題，とりわけ既存の社会組織や近隣社会関係の崩壊が批判され，その反省をふまえて現存する建築物を改修する手法が導入された。そうした1980年代以降の事業では，既存住宅の改修と改築が主に実施され，事業期間中には住民が居住し続け，短期的な影響として住民の

近隣関係は維持されたといえる。ただし長期的にみると，狭小で，住宅機能が不十分な低廉な賃貸住宅が残存したため，外国人や子どものいる世帯が転入し，短期間で転出する事態も生じている。ゴステンホフでは短期間で転入・転出を繰り返す外国人率が他地区と比較して著しく上昇しており，住民相互による良好な近隣関係を醸成する環境とは言い難い。これは再生事業後も低家賃の賃貸住宅が残存したことに起因しており，事業目標として既存住宅を活用したことが，長期的には社会的な衰退地域を残存させたと解釈することが可能である。このため，再生事業後の長期的な社会的変動の観点において課題が残されているといえよう。

本章で示された初期の再生事業区域における住宅の機能的改善に伴う人口構造の変容は，既述のMüller（1985），Lochner（1987），Daase（1995）によって示された傾向とも合致し，全国的な特性と捉えることができる。こうした再生事業によって既成市街地が「居住快適性，にぎわい，魅力を増す」（Schneider, 1986:3）ことは事実であろう。一方，初期の再生事業では改築や家賃上昇によって転出を余儀なくされた低所得者層が存在しており，再生事業が必ずしも「市民に優しい・快適な *bürgerfeundlicher*」（Schneider, 1986 : 3）ものではなかった。1980年代以降に施行された再生事業地域では，既存住民が継続的に居住することでき，低所得者層の居住に対する一定の効果がみられる。ただし，初期の再生事業と比較した場合，住宅機能の改善が不十分であり，また短期的な転居が多いこともあり，中・長期的に住宅地としての快適性や魅力を維持することが困難であるという問題も抱えている。

本章では，再生事業の近隣区域における動向，さらに最新の再生事業の特性は分析していない。現地調査において再生事業の隣接区域での改修や改築の進展度は，通常の住宅地域よりも高い印象を得たが，近隣の改修や改築の動向と再生事業との関連は不明である。また，ニュルンベルクでは1990年代以降も再生事業が継続しており，それらの特徴は本章での分析結果とは異なるものと予想される。こうした，より広域的・長期的分析は，残された課題であり，事業区域と周辺での変化という広域的な視点からの考察は，次章のミュンヘンの事例に譲りたい。

注

1) 都市建築助成法に基づく都市再生事業は,「ある地区の都市建築上の衰退状態を根本的に改善または再生する措置 Maßnahmen」(第 27 条)とされており,都市における衰退地域の環境改善に基づいた住宅供給を目指した。再生事業においては,個々の建築物の改築や地域全体における建築物を完全に除去し,再建する形態のみならず,老朽建築物の改修や近代化が含まれている (Müller, 1985 : 373)。
2) Jaedicke and Wollmann (1990 : 128-129) は,戦災による消失を 1,050 万戸のうち 230 万戸にのぼると算出しており, Killisch (1986 : 113-114) は,1950 年において住宅不足は約 550 万戸に達したと推定した。
3) 連邦建設法典によると,各基礎自治体の都市計画は,土地利用準備計画 Flächennutzungsplan と地区詳細計画 Bebauungsplan から構成される(同法典 1 条 1 項および 2 項)。前者は都市全域のおおまかな土地利用を指示し,後者は建て込み,建築物の利用形態,建坪率,高さ等の各街区の具体的な土地利用形態を定めている。なお "Flächennutzungsplan" は,「土地利用計画」(ディートリッヒ・コッホ, 1981 : 24),「準備的概括計画」(ブローム・大橋, 1995 : 23) などの翻訳もあるが,本章では都市計画分野における「土地利用計画 Bodennutzungsplan」との混同を避けるとともに,地区詳細計画の策定をもって具体的な法的拘束力が生じるという点を考慮し,土地利用準備計画の訳語を用いる。
4) 旧西ドイツ地域の 500 戸以上を有する大規模住宅団地を対象とすると,1960 年代〜1970 年代に 50 万戸以上が建設された (Fangohr, 1988 : 26-27)。1993 年における旧西ドイツ地域での 2,500 人以上が居住する大規模住宅団地数は 240 であり,その総人口は 200 万を超えている (Manfred und Harald, 1994 : 567-586)。
5) 本章では,いわゆる「老朽化」が経年変化に伴う単なる物理的・機能的劣化を意味する場合があることを考慮し,「老朽化」に加えて高齢化や外国人等の中・低所得者層の集積を典型とした社会的な停滞現象のみられる建築物を衰退建築物とした。この「衰退」概念は Lichtenberger (1999 : 14-17) による都市衰退 Urban decay(ドイツ語では Stadtverfall)の考え方をふまえ,単なる物理現象としての老朽化のみならず,社会・経済・建築物上の危機的状態を包含している。
6) 法律上の規定があるわけではないため,1980 年代以降における社会的・経済的・環境的対策一般を「慎重な都市再生 Behutsamer Stadterneuerung」と捉え,「生態的都市再生 Ökologische Stadterneuerung」をその一部と捉える場合もあり (Daase, 1995 : 15-16; Renner, 1997 : 533-536),両者の区別は明確とは言えない。なお,ニュルンベルクにおいては生態的都市再生事業を地域の住宅,交通,環境,経済等の社会生活に関わる事物を総合的に改善する事業と位置づけ,街路や敷地の緑化,住宅設備改善,街路や公園の整備などを進めた (Schatz und Sellnow, 1997 : 543-556)。
7) 助成金の合計 88 億 2 千万マルクは,三菱 UFJ 銀行公表の対顧客外国為替相場に基づく 2001 年 12 月末のレート (1 マルク = 60.34 円) で換算すると (三菱 UFJ リサーチ & コンサルティングウェブサイト, 2024),約 5,322 億円となる。
8) 総事業費は,約 1 億 7 千 4 百億マルクであり,三菱 UFJ 銀行公表の対顧客外国為替相場

に基づく 2001 年 12 月末のレート（1 マルク＝ 60.34 円）で換算して（三菱 UFJ リサーチ＆コンサルティングウェブサイト, 2024），約 105 億円に達する。事業費は原則として，連邦，州，基礎自治体それぞれが 3：3：4 の比率で負担している。なお，ドイツの行政組織は連邦政府，州政府，特別市を含む基礎自治体の 3 層構造である。

9) 建築物の建て込みは，地理情報・整地局作成の 1,000 分の 1 の都市計画図 Stadtgrundkarte に基づいて筆者が算出した。まず敷地ごとに建率を求め，その後，街区単位の平均値を求めた。1974 年から 2000 年にかけての建坪率の変化は，街区 1 は 58.6％から 5.0 ポイントの減少，街区 5 が 74.8％から 7.7 ポイントの減少，街区 6 が 62.2％から 7.9 ポイントの減少，街区 9 が 69.7％から 20.9 ポイントの減少であった。なお，ブライバイス地区全体においては，56.3％から 2.3 ポイントの減少であった。

10) 社会住宅は，融資金返還後に一般賃貸住宅へと移行するものの，返還後 10 年間は社会住宅にとどまる必要がある（都市建築助成法第 13 条〜第 18 条）。また，社会住宅の入居希望者は，市役所の担当部署を介して入居を申請し，市内居住期間，収入，家庭状況等の審査の後に入居可能住宅を紹介されるが，紹介物件が希望物件・地域と異なる場合も多い。

11) 住宅戸数の変化は，ブライバイスにおいて事業開始以前である 1968 年に 837 戸，実施期間の 1980 年に 722 戸，完了後の 87 年に 765 戸，1998 年に 967 戸である。ゴステンホフでは事業開始以前である 1968 年に 1,077 戸，1980 年に 1,102 戸，事業期間中である 1987 年に 1,093 戸，事業後の 1998 年に 1,130 戸であった。

12) 統計局資料によればブライバイスの人口は，1968 年に 1,806，1980 年に 1,501，1987 年に 1,595，1998 年に 1,902 であった。

13) ニュルンベルクにおける人口は，1970 年代半ばから 1980 年代前半までの経済低成長期において減少し続けた。1973 〜 1985 年に人口は 9.6％減少したが，とりわけドイツ人の減少が著しく，10.8％減少した。外国人は増加しなかったものの，人口規模を維持したことにより，全人口に占める割合が上昇し，1973 年に 10.1％であったものが，1985 年には 11.3％へと増加した。

14) ゴステンホフにおける人口は，1968 年に 3,045，事業開始直前の 1980 年に 2,906，事業期間中の 1987 年に 2,736，完了後の 1998 年に 2,478 と小幅ながら減少し続けた。

15) ニュルンベルクにおける総世帯に占める単身者世帯の割合は，1968 年に 28.3％，1987 年に 42.1％であった。また，1 世帯当たりの平均人員数は，1968 年に 2.4 人，1987 年において 2.0 人であり，さらに 1997 年には 1.9 人となっている（Amt für Stadtforschung und Statistik, 1999a：42）。

16) 1968 年と 1998 年における 25 〜 54 歳人口が総人口に占める割合をドイツ人と外国人ごとにみてみると，ブライバイスにおいてはドイツ人が 1968 年に 34.9％，1998 年に 37.8％であり，2.9 ポイントの増加，外国人が 1968 年に 3.1％，1998 年に 14.1％であり，11.0 ポイントの増加であるのに対して，ゴステンホフのドイツ人は 1968 年に 33.3％，1998 年に 31.8％であり，1.5 ポイントの減少，外国人が 1968 年に 1.9％，1998 年に 21.4％であり，19.5 ポイントの増加となっている。

17) 厚生労働省ウェブサイト（2021）によれば，ドイツの合計特殊出生率は，1960 年代後

半から1970年代前半にかけて低下し，1.2前後の低い出生率が続いた。2000年代半ばから徐々に回復し，2010年代半ば以降に1.5台となっている。
18) 1987年における賃貸住宅の割合は，ブライバイス83.5%，ゴステンホフ86.9%，ニュルンベルク68.0%である。
19) 1998年における市によるブライバイスの地価評価額は，事業区域の主要街路沿い（参照：図5-2，C Road）において1 ㎡当たり1,400マルクであり，同じ主要街路沿い南部隣接街区の1 ㎡当たり1,050マルクを上まわる（Amt für Geoinformation und Bodenordnung, 1999）。

第6章

都市再生政策を通じた都市空間の再編
—ミュンヘンの事例—

　第5章では個別の再生事業の実施区域という限定された空間スケールに焦点を当てたが，本章では視点を拡大し，再生事業の実施区域とその周辺地域の両方に着目しながら，都市空間全体で生じる形態的・社会経済的な変化という観点で分析を進めて，都市再生政策を契機とする都市レベルの空間的な再編を捉えたい。すなわち，ドイツ南部に位置する同国の主要都市であるミュンヘンを事例として，再生事業を核とする都市再生政策の展開を通じた1980年から2000年までにおける都市空間の形態的・社会経済的変化を分析することで，都市レベルの空間的な再編をみていく。第1節で本章の視座と地域概要をまとめた後，第2節において第二次世界大戦後の都市再生政策の展開過程を確認する。次に，第3節において1980年と2000年のデータに基づいて形態的な側面から都市再生の地域的差異を明らかにし，また同期間における建築物の用途別延床面積の変化から経済的変化を分析する。さらに，建築環境の形態的変化が社会的側面に対して与える影響を考察するため，人口データを用いて社会的側面にみられる地域変容を分析する。第4節では再生事業を契機とした社会・経済的変化に関する地域的差異を検討することで，都市再生政策が再生事業区域と周辺地域とを含めた都市空間の再編を促していることを議論する。

1　研究の視座と地域概要

1.1　本章の視座

　第1章でまとめたように，都市再生の基本概念では工学手法による建築物の

改良のみならず，近隣地区の自然，社会経済的環境を活用し，地域全体を活性化して再生させることに力点が置かれている。これを反映して都市再生政策においても，再生事業を中核とする各種事業が展開され，直接的な都市建築環境の改善とともに，自然，社会経済的課題の対策が実施されることになる。こうした都市再生政策を通じて地域社会の活性化につながる住民や外部民間資本による自立的な発展（再生）が目指されている。このため，本章では，衰退地域を対象として公的主体によって実施された都市再生のための一連の取り組みを都市再生政策と総称し，個別の公的事業による直接的な形態的変化に加え，民間投資を通しての自律的な社会経済的変容も含めて分析することで，都市再生政策を通じた都市空間の再編を明らかにする。都市再生の形態的側面に現れる変化として，建築物の取り壊し（以下，滅失）と建築件数に着目して，これらに基づく都市更新の進展の度合いを設定し，都市再生が活発もしくは不活発な地域を明らかにする。また，インナーエリア[1]の都市再生に関する既往研究では，社会経済的特性のうち社会属性に力点が置かれているため（藤塚，1994；成田，1979），本章でも国籍別の人口変化を指標として，建築環境の変化が社会的側面に与える影響を分析する。民間投資による空間変容においては，オフィスビルや商業ビル建設が大規模に進められているため，建築物の用途を指標として経済的側面も併せて分析する。

　分析期間は，建築物の形態的変化については現況データが入手可能な 1980 年と 2000 年とした。この期間は，次項 1.2 でまとめるように，当市でハイテク・メディア産業が伸張するとともに，中・東欧諸国への進出拠点として業務機能が拡充する期間とみることができる。人口データを用いた社会的側面の分析期間は，主に 1995 年と 2000 年とした。これは，研究対象都市とするミュンヘン市の都市区 *Stadtbezirk* 再編が，1992 年と 1996 年に実施され，統計単位地区の再編も行われたことに伴って，比較可能なミクロスケールの人口データの入手が限定されたためである。一般的に，大規模再開発などによって建築環境と経済環境が大幅に変化すると，その影響が人口構造などの社会的側面に現れるのは，第 5 章でもみたとおり，事業期間中のような短期となる場合や，事業よりも遅延して数年や 10 年単位の中・長期となる場合がある。このため，本章は

1980年から建築環境や経済的環境が変化していく中で引き起こされる，1990年代後半での中・長期的な人口変化を分析していると捉えることができる。また事例とした都市には，都市再生事業とともに民間資本による既成市街地への再投資が進むミュンヘンを選んだ。

同市における都市再生政策の展開過程は，ミュンヘン市都市計画＝建築局 *Referat für Stadtplanung und Bauordnung*（以下，都市計画局）の報告書『ミュンヘンでの居住状況報告 *Bericht zur Wohnungssituation in München*』および同市統計局の『統計年鑑 *Statistisches Jahresbuch München*』に基づいてまとめ，また，2003年5月に筆者が実施した都市計画局での政策内容に関する聞き取り結果を補足的に用いる。建築物の形態的特徴に関しては，都市計画局が管理する1980年末と2000年末の建築物現況データ，住民属性に関しては統計局が管理する1995年と2000年の街区単位のデータ[2]，また，2003年11月に実施した景観観察の結果を利用する。

1.2　地域概要と都市発展からみた都市地域構造

まず，本章で取り上げるミュンヘンを概観しておきたい。当市は，ドイツ南東部に位置し，国内最大面積の州となるバイエルン州の州都として，政治・経済・文化的に重要な位置を占める。市域面積310.4km²に対して，2000年末の人口は124.7万に達し（Statistisches Amt Hrsg., 2001 : 32），人口規模ではベルリン，ハンブルクに次いで国内第3位に位置する（Statistisches Bundesamt Hrsg., 2002 : 53-54）。2022年末の人口は，国内第3位となる151.3万であり（Statistisches Bundesamt Website, 2024），約20年間で1.2倍増加したことになる。これは，重要な経済都市として経済成長を遂げていることの反映とみることができる。第二次世界大戦後，総合電機メーカーのシーメンス *Siemens* や自動車メーカーのBMWを筆頭に[3]，製造業の本社や主要工場が進出したことで，ドイツ国内の主要工業都市の一角を占めるに至った（山本，1993）。冷戦下においては保険を中核とする金融大手のアリアンツ *Allianz* や，再保険会社であるミュンヘン再保険会社 *Münchner Rück*（*Munich RE Group*）の本社などが置かれ[4]，国内外の銀行や保険などの本支店を抱える重要な経済都市へと発展した。1980

図 6-1　ミュンヘンの都市区と都市再生事業区域 (2002 年)
Referat für Stadtplanung der Landeshauptstadt München 資料より作成。

年代以降,業務機能の拡大や精密電子機器製造業の集積が著しく,また,1990年代にはマスメディアやコンピュータ,ソフト開発を代表とする IT 産業の進出も顕著であり,ドイツ国内のみならずヨーロッパの研究,開発部門やハイテク産業(先端技術産業)の一大拠点を形成している (Fritzsche und Kreipl, 2003)。

　次に,都市発展・形成の歴史を理解することで,都市地域構造の特徴をみてみよう。都市としての起源は,12 世紀にさかのぼり,行政や商業中心地として発展する過程において,イーザル川西岸に旧市街地の骨格が形成され (Kuhn, 2003),また,バイエルン王国の首都として王宮を中心に旧市街地が拡大した。旧市街地は,市役所を起点とする都心 1 km 以内の範囲であり (図 6-1),この範囲内には市や州政府,大学をはじめとする教育機関などが多数立地し (Steflbauer, 1993 : 23-31),旧市役所や教会などの歴史的建築物も多数残存する。旧市街地を取り囲んだ都心 2 km 圏には金融・保険業,各種サービス業,また商業施設やオフィスとして利用されている建築物が多く含まれており,この範囲

は都心機能を担う地域となっている。

19世紀半ばから20世紀初頭には，工業化に伴って市街地が北部および東西方向へと急速に拡大した（Klingbeil, 1987）。これらの市街地は，都心周辺にひろがる都市区2〜6，および8に該当する。中でも都市区2, 3, 5, 6および8のうち，都心2 kmを超え4 km以下の地帯に位置するイーザル川東部，および中央駅西部の一帯は，工業化時代に急速に拡大した地域である（同上）。これら一帯は，統計資料に基づいて算出した外国人比率の高い地域に隣接しており[5]，筆者の景観観察においても維持や管理が不十分な建築物も多数含まれていることから，都心周辺のインナーエリアとして位置づけられる。

第二次世界大戦後，1960年代には経済が著しく成長した。都心4 km圏を超えて市街地は急激に拡大し，新市街地を形成した。住宅不足を背景として1960年代から1970年代にかけて都市区11のオリンピアパーク *Olympia Park* をはじめとした北部地域の宅地化が進展し，また，1970年代以降には都市区16の大規模住宅団地ノイペルラッハ *Neuperlach* といった南部地域での開発が本格化した（写真2-4を参照）。さらに業務機能が拡充する1990年代において，市東部のミュンヘン空港跡地（都市区15）に見本市展示場を核とした居住業務複合地域のメッセシュタット＝リーム *Messestadt Riem* が開発されている（写真6-1）。

以上の都市発展・形成史によると，ミュンヘンの都市地域構造は大きく3つの地帯に分けて理解できる。すなわち，旧市街地を中心に成立・発展した都心2 km圏の都心地域，都心地域の外側に位置し，インナーエリアを含む都心2〜4 kmの都心周辺地域，第二次世界大戦後に急速に拡大した都心4 km以遠の新市街地である。

2　ミュンヘンでの都市再生政策の展開

2.1　都市再生政策の導入と整備

本節では，第二次世界大戦後のミュンヘンにおける社会動向および建築環境の変化に基づいて，都市再生政策導入の背景を概説し，さらに2000年までの

写真 6-1　ミュンヘン東部での国際見本市展示場を中心とする都市開発
市東部のメッセシュタット＝リーム（都市区 15）では，空港跡地を活用した都市開発が行われた。写真中央の建物には，国際見本市展示場である ICM *International Congress Center Messe München* のロゴマークが見える。2007 年 8 月，筆者撮影。

政策の整備過程を明らかにする。当市ではインナーエリアの衰退，経済発展による人口増加と良質で安価な住宅の不足などが要因となりながら，住宅供給のための間接的な対策の一つとして都市再生政策が導入され，既成市街地の面的改良のために再生事業が実施された。2000 年までに各種施策のほか，土地利用に関する規制緩和を通じて積極的な公共用地の払い下げと開発が，郊外を中心に進められ，さらに中央駅に至る鉄道跡地など未利用地での開発が実施された。

まず，都市再生政策導入の背景として，ドイツの他都市と同様に，第二次世界大戦後の長期にわたる住宅不足によって住宅政策が量的充足対策に偏り，居住水準の引き上げが不十分であった点を指摘できる（第 2 章 3 節参照）。ミュンヘンでも第二次世界大戦において激しい空爆によって，多くの住宅が破壊され[6]，戦後に極めて深刻な住宅不足が生じた。このため旧市街地での市民自らによる建築物の再建に加え，公的融資によって社会住宅 *Sozialwohnung* が 1950 年代から 1960 年代にかけて大量に建築・供給され，需要と供給のバランスは急速に改善した。

住宅の需給関係の変化を考察するため，需要を世帯数，供給を住宅戸数と置き換えて，その比率を需給関係上の「充足比」とし[7]（表 6-1），充足比の変化

表 6-1 ミュンヘンでの住宅戸数と世帯数の変化（1956～2000年）

年	ミュンヘン A. 戸数（千戸）	ミュンヘン B. 世帯（千人）	充足比（A/B）	ドイツ 充足比
1956	269,697	390,746	0.69	0.57
1961	342,335	456,932	0.75	0.86
1970	475,889	591,431	0.80	0.95
1975	546,499	－	－	1.00
1981	574,410	628,000	0.91	1.02
1991	666,527	697,055	0.96	0.95
2000	712,256	741,020	0.96	1.01

表中の「－」は数値がないことを示す。1981年と1991年のドイツの数値は，それぞれ1980年と1990年の値で代用した。
Bericht zur Wohnungssituation in München（BzWoh）2000-01, S.22; BzWoh 1990-1992, S.5; BzWoh 1977-1979, S.12; Statistisches Jahrbuch 1953-2002 für die Bundesrepublik Deutschland より作成。

をみてみよう。充足比は，住宅の需要と供給のバランスに関する一つの目安であり，1未満で住宅不足，1で充足，1よりも大幅に大きくなると供給過剰とみなせる。1956年におけるミュンヘンの充足比は，全国平均を上まわっており，第二次世界大戦の復興期に，住宅供給が活発であったことを示している。1960年代には好景気に加えて，当市でのオリンピック開催を控えて住宅供給が続伸したため，これらを背景に，1970年代初頭に統計上では住宅不足は危機的状況から抜け出した（Amt für Wohnungswesen und Sozialreferat Hrsg., 1981）。ただし，1961年以降の充足比の値は，全国平均よりも低い値であり，人口増加を背景として住宅不足が継続している。さらに，1970年から1981年にかけて全国平均を上まわるペースで改善したものの，1991年から2000年にかけて充足比は変化していない。このことは，当市において経済活動が活発に行われていたために国内外から人口を吸引し，これが市内の住宅需要を高止まりさせる一方，住宅開発が可能な場所が限定され，依然として住宅不足が続いていることを示している。

　当市への外国人流入についてみてみると，外国人は，第二次世界大戦後の早い時期から1970年代前半まで一貫して増加している。統計資料によれば，1950年に人口に占める外国人比率は，4.1％であったが，1961年には7.6％と

倍近くまで増加し，第一次オイルショック直前の1972年には15％に達した（Statistisches Amt Hrsg., 1995：38）。1970年代前半から1980年代半ばにかけてミュンヘン都市圏におけるドイツ人を中心とした人口郊外化が進展しており（Referat für Stadtplanung und Bauordnung Hrsg., 1995：13），市域外を中心とした郊外，または周辺自治体での宅地開発が進んだとされる。その一方で，都心周辺では，高地価の影響の下で民間資本による開発は低調であったため，狭小な敷地に老朽化した住宅が数多く立地していた（Amt für Wohnungswesen des Sozialreferats Hrsg., 1981：161-177）。これら都心周辺の老朽化した住宅の多くは，賃貸集合住宅であり，その賃料は相対的に安価に設定されていた。このため都心周辺のインナーエリアには，短期の就労を目的とした外国人労働者や，地域に強い愛着を持ち，近所付き合いなどの社会的関係を重視する高齢者などの低所得者層が集住し，社会経済的環境が停滞，または悪化する一因となった。

　上記の社会情勢や建築環境の変化を背景としながら，ミュンヘン市は連邦や州政府の制度を積極的に導入するだけでなく，市独自の都市政策を整備し，都市空間の改善を図っている（表6-2）。第二次世界大戦後の深刻な住宅不足を解消するため1950年に旧住宅建築法，1956年に第二次住宅建築法が連邦レベルで制定され，同法に拠る公的融資を受けた社会住宅が大量に建築された。当初，社会住宅は都心部を含めた既成市街地を中心として建設され，建設以前から暮らす旧住民を始め，戦災者や旧ドイツ領からの転入者が多く入居した。既成市街地内での復興が進むと，徐々に社会住宅は，既成市街地周辺に建設されていった。社会住宅への入居条件の一つに所得制限があるため，入居者の中心は，基本的に低所得から中間所得に分類される人びとであった。社会住宅の大量供給を通して，1950年代から1960年代にかけての危機的な住宅不足が徐々に緩和され，1970年代前半には一応の量的充足が実現した。

　しかし，ミュンヘンでは1980年代以降も住宅需要が高く，良質な住宅が不足しているとされており，1983年の都市開発計画において近代化を要する住宅戸数は，8〜9万戸と推定された（Referat für Stadtplanung und Bauordnung, 1985：18）。こうしたインナーエリアの衰退，良質で安価な住宅の不足などを背景としながら，住宅不足解消を目指して導入されたものが，都市再生政策で

表 6-2 ミュンヘンにおける都市再生政策の変容 (1950 ～ 2002 年)

年	連邦・バイエルン州	ミュンヘンにおける主な都市政策	都市住宅地域への影響
1950	旧住宅建築法	第 1 助成方式による社会住宅の供給	1. 中・低所得者層向け公的住宅の増加 2. 住宅不足の緩和
1960		大規模住宅団地 (ノイペルラッハ) の建設計画策定	世帯住宅の供給 *1970～1986 年：第 1 期計画地域の開発
1971	都市建築助成法	国・州による都市再生事業への助成	都市再生事業の立案・施行
1976		ハイトハウゼン地区での都市再生事業開始	初期の都市再生事業の導入
1977	州・近代化事業	「近代化のための融資制度」 「中庭緑化のための助成特別事業」	民間住宅の近代化促進 住宅環境一般の改善
1979		都市再生有限会社 (MGS) 設立	都市再生事業の実行・実現主体の設立
1980		MGS 資金モデル開始	老朽化住宅近代化への資金融資制度の導入
1983		「都市再生プログラム」策定	都市再生事業の促進
	州・改正近代化事業		民間住宅の近代化に対する助成
1987		「ミュンヘンにおける近代化助成事業」	市独自の住宅近代化助成制度
1992		第 3 助成方式による住宅建築	公的助成の対象者の拡大
1994	住宅建築促進法		中間所得者層による賃貸・自己所有住宅建築に対する融資
1995		「社会に適合した土地利用」	休閑地の有効活用 (土地供給)
1996		「ミュンヘン・モデル」導入	住宅供給を目的とする市有地売却
1999	国・州共同事業「社会的都市」		社会的衰退地域での社会環境整備
2001		「ミュンヘンにおける居住 III」	世帯用住宅供給のためミュンヘン・モデル拡充
2002	社会的居住空間促進法		主に社会的弱者を対象とする住宅供給，社会構成の適正化 (ソーシャルミックス)

下線付き文字は都市再生政策と強く関連していることを示す。
Heineberg, 2001; Referat für Stadtplanung und Bauordnung, 1981, 1985, 1991, 1999, 2002 と筆者による都市計画局での聞き取りにより作成。

あり，その中でも再生事業は，衰退傾向にある既成市街地を面的に改善するための大きな柱となった[8]。この再生事業の詳細は，次項 2.2 で検討する。

　再生事業のほかにも，個別の既存住宅の改良を促進するための施策が実施されている。1977 ～ 1982 年において市独自の施策として「近代化のための融資

表 6-3 ミュンヘンにおける都市再生関連事業費（1990 ～ 2001 年）

年	州近代化事業 予算（百万€）	州近代化事業 戸数（戸）	住宅建築法での近代化助成 予算（百万€）	住宅建築法での近代化助成 戸数（戸）	MGS 資金モデル 予算（百万€）	MGS 資金モデル 戸数（戸）	総数 予算（百万€）	総数 戸数（戸）
1990	4.9	340	13.1	111	1.4	42	19.4	493
1991	5.0	267	13.2	191	0.4	8	18.6	466
1992	4.2	504	3.9	49	1.8	19	9.9	572
1993	3.1	310	12.0	128	0.9	5	16.0	443
1994	4.0	315	4.9	37	2.4	29	11.3	381
1995	6.2	332	9.4	177	0.0	0	15.6	509
1996	5.6	605	3.7	73	0.0	0	9.3	678
1997	4.6	387	3.7	101	0.4	21	8.7	509
1998	4.8	730	3.7	38	1.4	44	9.9	812
1999	3.3	282	2.1	44	0.0	0	5.4	326
2000	4.7	409	0.6	20	0.0	0	5.3	429
2001	8.3	627	3.0	47	0.6	18	11.9	692
合計	58.7	5,108	73.3	1,016	9.3	186	141.3	6,310

Bericht zur Wohnungssituation der LH München より作成。

制度」が導入され，民間住宅のトイレや台所，暖房，特にセントラルヒーティングの設置といった住宅設備の近代化に対する融資が行われた。実施期間において 1.3 万戸に対して，2.2 億マルクが融資されている（同上：19）。この融資額は，三菱 UFJ 銀行公表の対顧客外国為替相場に基づく 2001 年 12 月末のレート（1 マルク＝ 60.34 円）で換算して（三菱 UFJ リサーチ＆コンサルティングウェブサイト，2024），約 133 億円に達する。1980 年代から 1990 年代にかけても再生事業および住宅近代化への助成が進められた。

　1990 年代に予算措置として大規模に実施された主な事業は 3 つである。1 つ目は，1950 年制定の旧住宅法を改正した 1956 年の住宅建築法に基づいて実施される，老朽化した社会住宅を対象とする「住宅建築法での近代化助成」，2 つ目は 1977 年に制定された「州・近代化事業」，3 つ目は再生事業の区域内を対象とする近代化助成事業の「MGS 資金モデル」である（表 6-3）。これら 3 事業はそれぞれ連邦，州，市の予算でまかなわれており，1990 年から 2001 年までの 12 年間の 3 事業の融資・助成実績は，6,310 戸を対象とする 1.4 億ユーロ[9]であり，1 年間の平均では，526 戸を対象とする 1,178 万ユーロに達す

る。2000年代に入り，3事業の実績が予算額，対象戸数ともに減少傾向にある。2003年の筆者による都市計画局での聞き取りによれば，連邦，州，市それぞれの歳入減少による予算枠削減という根本的な原因に加えて，申請手続きの煩雑などの利用を妨げる要因のほか，民間の金融機関による融資や民間資本による開発が活発化しており，申請と利用実績が減少しているとされる。

　住宅需要の高さに起因する家賃高騰は，特に中・低所得者の都市内居住を困難にしており，1980年代後半以降も良質で安価な賃貸住宅や持ち家は，不足した状態にある（Referat für Stadtplanung und Bauordnung, 2000a : 75-78）。中・低所得者層に対する家賃や持ち家補助政策が導入されているが，間接的な経済援助のみでは問題の抜本的な解決にはほど遠く，住宅の供給を増加させるべく，1980年代以降に未利用地や公用地を新規開発することによって，住宅供給が進められている。既成市街地内での新規開発には限界があるため，ハイテク・メディア産業や業務機能が伸長する1980年代から1990年代において，開発の中心は，郊外での未利用地や既存の農地や緑地，および都心周辺の未利用地などとなっている。市当局は，住宅供給と経済活性化を目指した都市計画事業として郊外での開発を積極的に進めており，1980年代から市東部の住宅業務複合地域であるメッセシュタット＝リーム（都市区15）を開発している。さらに1995年に市は「社会に適合した土地利用 *Sozialgerechte Bodennutzung*」プロジェクトを実施し，土地利用に関する規制緩和を行い，また積極的な公共用地の払下げを行うことによって民間資本による開発を促進した。中でも，市西部から中央駅に至る鉄道跡地（都市区25, 8, 9）では，都心への近接性の高さや交通の利便性の高さから，民間資本による開発が活発であり，オフィスビルや商業施設のほか，集合住宅も多数建築されている（写真6-2）。こうした集合住宅には主に中・高所得世帯が入居している。

2.2　都市再生事業の実績

　当市の都市再生事業は，インナーエリアの衰退傾向に歯止めをかけ，同時に旧市街地において老朽化した住宅ストックを改良し，良質な住宅を供給することを目標として1976年以降事業決定されている（表6-2参照）。再生事業では，

写真 6-2 ミュンヘン中央駅に至る鉄道沿線での都市開発
市西部から中央駅に至る鉄道沿線では，オフィス，商業施設，集合住宅などの開発が活発になされている。2007 年 8 月，筆者撮影。

建築物の老朽程度やその機能，また人口変化や失業率などの居住者特性に関する指標に基づいて市当局によって候補地が選定され，個々の事業計画が策定された後，公聴会や市議会による計画承認などを経て，計画が正式に決定された。1976 年決定のハイトハウゼン Haidhausen 地区（都市区 5）での 51.5 ha の事業を皮切りに，1977 年決定のヴェステント Westend 地区（都市区 8）での 21 ha の事業が実施されている。

2000 年において，再生事業は市南東部で計画中の 1 件（都市区 14, 16, 17）を除き，1983 年の「都市再生プログラム」において示された基本方針に従って 5 件（約 500 ha）が実施されている（Ritter, 2003 : 55）。1990 年代には国の方針転換を受け，再生事業の重点目標は，衰退地域の機能的・形態的な再生から，外国人比率や失業者比率の高さといった社会的な問題の解決へと変化する。連邦政府は，1996 年に州代表を含めた関係閣僚会議において社会的な課題を抱えた地域への対策を議論し，特に第二次世界大戦後に形成された，社会的問題を多く抱える地区での社会的都市再生事業の可能性を検討した。こうした議論を経て 1999 年に連邦政府と州の共同事業「社会的都市 Soziale Stadt」が全国的に正式導入されると，当市での事業計画地域も都心周辺のインナー

写真 6-3 ミュンヘン・ヴェステント地区における再生事業を通じた街区整備
ドイツの都市再生事業では，施設や環境整備を通じた社会的再編が目指されており，写真のように街区中庭での緑化が進められるだけでなく，オープンスペースやコミュニティ施設も設置された．2003 年 9 月，筆者撮影．

ユリノから社会的問題を抱えた郊外地域へと変化する（Bundesregierung Hrsg., 2004）。当市での 5 件のうち 2 件（都市区 11 および都市区 24）も，第二次世界大戦後に形成された新市街地を対象にした「社会的都市」事業として進められ，いずれも 2007 年までに完了している。事業においては緑地整備などの居住環境整備に加えて，コミュニティセンターや近隣組織の構築，また失業対策事業などの社会的課題に対応した事業が実施された（Referat für Stadtplanung und Bauordnung Hrsg., 2000b：9）。

　2000 年において実施されていた 5 事業のうち，ハイトハウゼンとヴェステントの両事業は，1970 年代に開始された。住宅設備などの整備，高齢者施設やコミュニティ施設の整備，街路や敷地などの緑化などの街区整備は，居住空間の形態的・社会的な再編の契機となっている（写真 6-3）。5 事業のうち都心の東側，東駅周辺に位置するハイトハウゼンでは，人口 1.1 万を有する 51.5 ha，全 22 街区を対象とした事業計画が，区議会で 1976 年に承認されたことをうけ，再生事業が開始された。計画では道路や地下鉄駅といった交通施設整備，公園や高齢者向け施設などの公共施設整備，街路や敷地などの緑化推進などの基本方針が示された。事業期間は，1977 年から 1991 年までであり，総事業費は 8.3

億マルクと見積もられており（Baureferat, 1976 : 17-20），この総事業費は三菱UFJ銀行公表の対顧客外国為替相場に基づく2001年12月末のレート（1ユーロ＝118.01円）で換算して（三菱UFJリサーチ＆コンサルティングウェブサイト，2024），約501億円に相当する。計画においては老朽化の著しい建築物が建替えられるだけでなく，エネルギー効率の高い窓枠や暖房器具といった居住設備の更新を通じた近代化が進められることになっており，その一部では社会住宅の建設や近代化に対して公的資金による補助金が利用されている。1987年から1992年にかけて補助金の対象となった社会住宅の建築件数（戸数）は371戸であり，近代化を目的とする補助金も286戸が対象となった。2003年において，両地区における事業は，街路緑化などの一部を除き大部分を完了し，両地区では建築物の形態的変化や，それに伴う社会的変化が生じている。

3　形態的・社会経済的側面からみた都市再生の地域的特徴

　本節では，都市レベルの空間スケールに焦点を当てる。建築物の滅失と建築件数を指標として都市再生の進展程度（以下，更新度）を設定し，都市再生が活発もしくは不活発な地域を判別し，形態的側面から都市再生の地域的特徴を考察する。また，1980年と2000年の土地利用を指標として経済的側面から都市再生の空間的特性を分析し，さらに1995年から2000年までの人口特性の分析に基づいて社会的側面から地域的特徴を考察する。

3.1　建築物の形態的側面における都市再生

　まず，建築物の形態的側面にみられる更新度から，都市再生の地域的な特徴を明らかにする。都市再生を形態的側面から捉える場合，既に存在する建築物，道路，上下水道などの施設や設備が，より高次の機能を有するものや新しいものへと更新される程度や頻度（件数）として考えることができる。本章では建築物を指標として，それらが活発に改修され，または再建（建替え）されている状態を都市再生の活発な状態であるとした。ただし，改修の程度や件数を示す統計データは未整備であり，それらを利用することはできない。建替えにつ

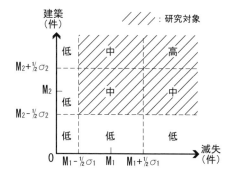

図 6-2　建築と滅失からみた都市に関する更新度
滅失の平均値 M1 は 34.32，同標準偏差 σ1 は 58.62，建築の平均値 M2 は 303.60，同標準偏差 σ2 は 408.66 である。Referat für Stadtplanung der Landeshauptstadt München 資料より作成。

いては，個々の敷地内で実施される老朽建築物の滅失に連続した再建を示す統計資料は存在しないものの，本章では一定の広さを有する統計地区に注目し，統計地区ごとの滅失件数と建築件数を組み合せた指標に基づいて，地区全体としてみた場合の建築物の置き換え（建替え）の程度である，都市再生に関する「更新度」を設定した（図6-2）。

具体的には 1980 年から 2000 年までの滅失件数と建築件数を統計地区ごとに集計し，その相対的な度合いに基づいて「高」，「中」および「低」と 3 分類し，都市再生に関する「更新度」と名付けた。まず，「高」は建築と滅失件数がともに多い類型であり，建物更新が比較的活発に進展する地区である。第 2 に建築と滅失件数がともに少ない，またはそのいずれかの件数が少ない類型は「低」であり，滅失と建築を通した建築物の形態的な再生が進んでいない地区，もしくは建築活動のみが盛んな新市街地に該当する。最後に「高」と「低」の中間に位置づけられる「中」であり，平均的な変化がみられる地区と捉えられる。

距離帯ごとに更新度の分布をみると[10]（図6-3），まず建築件数が，もともと少ない都心地域に位置づけられる都心 2 km 圏と，新規の都市開発の盛んな新市街地に位置づけられる都心 4 km 以遠圏において，更新度「低」の地区が数多く分布している。しかし，都心 2 km 圏では滅失戸数自体は多く，この都心地域に加えて，都心周辺地域に位置づけられる都心 2～4 km 圏では，滅失戸数は高い

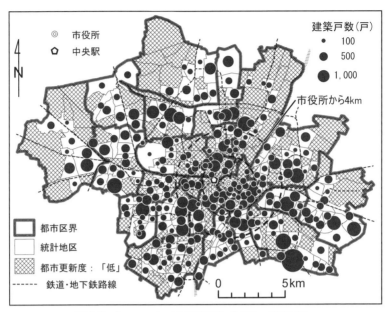

図 6-3　ミュンヘンでの建築戸数（1980 〜 2000 年）
Referat für Stadtplanung der Landeshauptstadt München 資料より作成。

水準を示している。これらの一部地区において，老朽建築物の取り壊しが活発に行われ，老朽建築物から新築物件への置き換えが生じているとみることができる。1 ha当たりの平均滅失戸数を距離帯ごとにみると，都心2 km圏の1.4戸，都心2 〜 4 km圏では0.8戸に対して，都心4 km以遠圏では0.5戸であり，都市的土地利用が既に大部分を占める都心に近い地域ほど，滅失件数が多くなっている。中でも都心2 km圏と都心2 〜 4 km圏の更新度「中・高」の地区では，1 ha当たりの平均滅失戸数は，それぞれ2.3戸，1.3戸となっており，市平均の0.5戸を大きく超過する。ただし，いずれの距離帯においても新築戸数は，滅失戸数よりも大幅に多く[11]，滅失した建物よりも大規模な建物の建築や，駐車場や中庭部分での建て増しのように，滅失を伴わない建築が数多く行われている。

　次に，建築活動の活発さに基づいた都市再生の特色を明らかにするため，更新度「中」と「高」に分類される地区における建築戸数を示した（図 6-3 参照）。距離帯ごとに「低」と「中・高」の地区を集計すると，都心2 〜 4 km圏，都心

第6章 都市再生政策を通じた都市空間の再編 *141*

表 6-4 距離帯と更新度からみた建築戸数（1980〜2000年）

距離 (km)	更新度	(統計地区数)	平均建築戸数	1 ha 当たりの 建築戸数	総数 (千戸)
＜ 2	低	(35)	35.7	2.7	1.3
	中・高	(18)	335.8	16.4	6.0
	小計	(53)	137.6	8.7	7.3
2〜4	低	(33)	106.9	3.3	3.5
	中・高	(50)	376.6	11.8	18.8
	小計	(83)	269.3	8.4	22.3
≧ 4	低	(126)	142.0	1.5	17.9
	中・高	(194)	468.5	6.0	90.9
	小計	(320)	340.0	4.0	108.8
合計	低	(194)	116.9	1.6	22.7
	中・高	(262)	441.9	6.7	115.8
	合計	(456)	303.6	4.5	138.5

Referat für Stadtplanung der LH München 資料より作成。

4 km以遠圏ともに「中・高」の地区の合計が「低」のそれを上まわるのに対して，都心 2 km圏では「低」の地区の合計 (35) が「中・高」のそれ (18) を上まわる（表 6-4）。とりわけ旧市街地の都心を含む都市区 1 では，「低」に分類される地区が多くなっている。都市区 1 の 22 地区のうち，都心 2 km圏には 20 地区が含まれており，そのうちの 16 地区は「低」に分類されている。この 16 地区の多くは，建築件数が「中」の基準値（99.3 戸）未満となっており，建築活動が低調な状態にある。都市区 1 をはじめとする都心 2 km圏では，行政機関，高等教育施設，商業・業務機能などが集積する都心が形成されており，既に建築物の近代化が完了し，建築物の高密度化も進展している。このため，本章で都市再生の指標とした建築物の滅失戸数と建築戸数の多さに基づく更新度の「中・高」に該当する地区は，少数にならざるを得ない。建築物の取り壊しと新規建設を通じた建築物の置き換えとはならない，既存建築物の外観や機能の改良を通した地域変容が，主に進展しているといえるだろう。

新市街地である都心 4 km以遠圏では，更新度「中・高」の地区が多いものの，非都市的土地利用のなされた地点での新築が中心となっており，老朽化建築物の建替えという観点からは都市再生が盛んな地区とはいえない。同距離帯では「中・高」の地区数が過半数を占めるだけでなく[12]，1980〜2000年にお

ける地区平均の建築戸数は，市の平均値（303.6戸）を超える340.0戸に達する。中でも「中・高」の地区における平均建築戸数は，468戸と，市の平均値の1.5倍に達しており，都心4km以遠圏において建築活動が活発である。ただし，都心4km以遠圏の新市街地は，もともと建物密度の低い地域にあたり，建築活動の大半は，非都市的土地利用の地点における新築である。延床面積と土地面積に基づいて算出した各距離帯の2000年における容積率は，都心2km圏で153.6%，都心2〜4km圏で93.8%に達するのに対して，都心4km以遠圏では25.2%にとどまる。一般に容積率は，建物密度が低い郊外ほど低い値となるため，都心4km以遠圏では遊休地や農地，緑地，工場跡等を利用した新規都市開発が中心であると推測される。

　都市周辺地域である都心2〜4km圏に注目すると，都市区2，3，5，6，8を中心として，滅失と建築を通した建替えが活発である。中でも再生事業の実施区域である東部のハイトハウゼン（都市区5）と西部のヴェステント（都市区8），また，市の開発重点地域として1990年代以降にオフィスが著しく増加する地域やその周辺に位置している，中央駅北部や南部の一部都市区（都市区2，3，6）において新築戸数が多くなっている。まず，更新度「中・高」に分類される地区は50あり，「低」の33地区を大きく超える。また，更新度「中・高」の50地区における平均建築戸数は376.6戸であり，市の平均値（303.6戸）を超えるとともに，1ha当たりの建築戸数でも市平均を超える高い値となる。都市区ごとに更新度「中・高」と「低」の地区数を比較すると，再生事業が実施されている都市区5と8，中央駅北部の都市区3，南部で近年オフィスビル建築が進展する都市区2や6において，「中・高」の地区の数が，「低」の地区数よりも多くなっている[13]。

　以上のように，都心2km圏の都心地域では，建築物の建替えによる都市再生は低調であるものの，既存建築物の外観や機能の改良を通した空間再編が中心となり，また都心4km以遠圏では新市街地を形成する都市開発が多くを占めており，いずれも地域全体として老朽建築物の滅失と建築を通した都市再生となっているとはいいがたい。他方，都心2〜4km圏では老朽建築物の滅失と建替えが活発であり，中でも東西の再生事業実施区域を含む都市区5や都市区

8, オフィス立地が著しい中央駅北部や南部に位置する都市区 2, 3, 6 において，既存建築物の滅失と建築による都市再生が，活発に行われている。このように形態的側面からみた都市再生の進展には，地域差が存在しており，中でも再生事業や都市政策上の重点開発地域における建築物の更新が著しい。

3.2 経済的側面からみた都市再生

次に，都市計画局の 1980 年と 2000 年の土地利用に関する資料に基づいて，経済的側面から都市再生の空間的特性を分析する。なお，都心から都心周辺にかけては中高層建築物が数多く含まれるため，一棟の建築物を住宅や商店などのただ一つの用途で代表させて分析した場合，建築物内部における機能分化を十分考慮して地域全体の特色を明らかにすることは難しい。このため，統計地区を単位として，用途ごとの延床面積を用いて分析を進める[14]。

市全体の傾向をみると，1980 年から 20 年間で延床面積が，23.3 km²（27.7%）増加している（表6-5）。延床面積の増加は，市街地での「住宅」建設および都心周辺地域での「住宅」と「オフィス」の建設を反映している。このうち「住宅」は，市全体の割合変化では若干減少しているが，2000 年において依然として建築物全体の約 6 割を占めている。加えて「住宅」の延床面積そのものは，1980 年の 51.8 km²から 20 年間で 11.3 km²（21.8%）増加している。この増加量は，市全体の延床面積の増加量の半分（48.5%）を占めている。住宅建築の中心は都心 4 km以遠の新市街地であり，「住宅」の延床面積は 1980 年の 34.0 km²から 9.2 km²（27.1%）増加しており，この増加量は，市全体の「住宅」の増加量（11.3 km²）の 81.4%にあたる。ただし既述の通り，都心 4 km以遠圏の新市街地は，もともと建物密度の低い地域にあたり，建築活動の多くは未利用地での新規開発とみなすことができる。

「オフィス」の 2000 年における市全体での割合は，「住宅」と比較すると低い値である。しかし，「割合変化」では「その他」に次ぐプラスの値を示しており，市全域において著しくその面積が拡大している。延床面積は，1980 年の 4.9 km²から 20 年間で 3.5 km²（71.4%）増加しており，急激な伸びを示す。これは金融や証券，情報メディアなどの本支店機能，ハイテク産業の企画開発部門など

表6-5 距離帯ごとの機能的変化(1980～2000年)
(単位:%)

距離帯 (km)	用途	延床面積 1980年(A)	延床面積 2000年(B)	割合変化 (C=B-A) (ポイント)
<2	住宅	35.3	35.0	-0.3
	オフィス	14.7	15.2	0.5
	小売	8.7	8.3	-0.4
	公共施設	24.9	23.1	-1.8
	その他	16.4	18.3	1.9
	小計 (km²)	100(11.4)	100(12.7)	0.0
2～4 (全体)	住宅	64.9	61.6	-3.3
	オフィス	5.4	8.5	3.1
	小売	3.4	3.3	-0.1
	公共施設	8.8	8.4	-0.4
	その他	17.5	18.2	0.7
	小計 (km²)	100(21.2)	100(25.0)	0.0
2～4 (更新度低)	住宅	52.7	46.5	-6.2
	オフィス	9.4	15.2	5.8
	小売	2.9	2.6	-0.2
	公共施設	12.7	12.3	-0.4
	その他	22.3	23.3	1.0
	小計 (km²)	100(6.2)	100(7.7)	0.0
2～4 (更新度中・高)	住宅	69.9	68.3	-1.6
	オフィス	3.7	5.5	1.8
	小売	3.7	3.6	-0.1
	公共施設	7.1	6.6	-0.5
	その他	15.6	16.0	0.4
	小計 (km²)	100(15.0)	100(17.3)	0.0
≧4	住宅	66.0	62.2	-3.8
	オフィス	4.1	6.3	2.2
	小売	2.7	2.6	-0.1
	公共施設	7.7	6.7	-1.0
	その他	19.4	22.2	2.8
	小計 (km²)	100(51.6)	100(69.5)	0.0
市平均	住宅	61.6	58.8	-2.8
	オフィス	5.9	7.9	2.0
	小売	3.7	3.5	-0.2
	公共施設	10.3	9.1	-1.2
	その他	18.6	20.8	2.2
	合計 (km²)	100(84.1)	100(107.4)	0.0

Referat für Stadtplanung der LH München資料より作成。

の事業所の進出が活発であり，これらの土地需要が極めて旺盛であることに起因して，オフィスビルの建設が盛んになされていることを意味する。1990年代前半以降のヨーロッパ経済の再編において，ミュンヘンは南ドイツのみならず，オーストリアや東ヨーロッパを含む地域全体の中核都市として発展している(Sinz und Schmidt-Seiwert, 2003)。これに伴いミュンヘン市全体として経済構造における主要分野が製造業からサービスや小売業へと変化し，さらに業務・中枢管理機能の役割も拡大している状態であるといえる。

より詳細に「オフィス」の地域的な特徴を明らかにするため，距離帯別に「オフィス」の延床面積をみると，都心2～4km圏と都心4km以遠圏で1980～2000年に割合が大幅に増加している。まず，都心2km圏をみると，「オフィス」の割合は，1980年と2000年いずれも10%を超える高い値となっており，割合は20年間で0.5ポイント増加している。その反面，都心2km圏では「住宅」，「小

売」,「公共施設」の割合は,それぞれ減少しているものの,減少した3類型のいずれでも延床面積自体は若干増加している。このことは,都心2km圏には行政,教育,小売,サービスなどの施設が多数立地し,長期にわたり都心を形成しているため,これらの機能が維持されつつ,近年「オフィス」に代表される業務管理機能が徐々に強化されていることを物語っている。

新市街地の都心4km以遠圏では,「オフィス」の延床面積は1980～2000年において2.1k㎡から4.4k㎡へと約2倍となる増加となっている。4km以遠圏の距離帯は,住宅地,緑地や農地として利用されているだけでなく,第二次世界大戦後に市南部シーメンスの工場を核とした工業地域として発展を遂げている。さらにこの距離帯では,市北部にBMWの本社機能が立地するなど,製造業を中心とする業務地域が形成されており,近年,研究開発型企業も数多く進出している。また,見本市展示場を中心とするメッセシュタット＝リーム（都市区15）が市東部で開発されるなど,新市街地の一部では大規模な業務地区が新たに整備された。

さらに「オフィス」の建設は,従来は主に住宅地であった,都心周辺地域の都心2～4km圏でも顕著であり,都心周辺に位置するインナーエリアの特定地域においてオフィスを中心とする業務地区が形成されつつある。割合変化でみると,都心2～4km圏の「住宅」が3.3ポイント減少したほか,「小売」と「公共施設」も減少する一方,「オフィス」は,3.1ポイント増加している。この増加の値は,市全体（2ポイント増）や,都心地域である都心2km圏の「オフィス」の増加（0.5ポイント増）を上まわっている。更新度別にみた場合,「中・高」の地区では1980年と2000年の両年時ともに住宅の割合が7割近くを占めており,これらの地域は,住宅地としての性格を依然として維持している。これに対して更新度「低」の地区では「住宅」の割合が,「中・高」の地区のそれよりも低く,もともと居住機能以外の工場や駐車場,交通機関の跡地が多数含まれていた。これらの一部地区が新たに開発され,また,建築物の用途転換がなされ,「オフィス」が増加しているものといえる。更新度「低」の地区で「オフィス」は5.8ポイント増加している。都心周辺の更新度「低」の地区では,中央駅から西へ延びる鉄道路線沿いの地区（都市区2北部）や,東部の副都心的な

東駅付近（都市区 5 東部）などの特定地区での増加が著しい。

　以上のように，土地利用に基づいて経済的側面から都市再生の空間的特性を分析すると，市全体において建築物の延床面積が，20 年間で大幅に増加しており，これらの増加は，新市街地での住宅の建築によるもの，また都心周辺での住宅およびオフィスの増加によるものに起因する。従来は既成市街地の住宅地として利用されてきた都心 2 ～ 4 km 圏での空間変容をみると，更新度「中・高」の地区は，住宅地としての性格を維持しているものの，更新度「低」の地区では「オフィス」が増加しつつある。中でも都心周辺の特定地区で業務機能が拡大しており，特に中央駅から西へ延びる鉄道路線沿いの都市区 2 北部や東駅付近の都市区 5 東部での「オフィス」の増加が著しい。

3.3　社会的側面からみた都市再生

　ここから，1995 年から 2000 年までにおける距離帯別の国籍別人口変化を主な指標として，都市再生の社会的側面を考察する。1990 年代には景気後退を背景とする雇用調整によって失業率が変化しており [15]，これに伴って人口も増減している。1995 年における市の年間平均失業率は 5.7％であり，全国平均を 3.2 ポイント下まわるものの，1990 年代前半における景気後退の影響で，ミュンヘンを中心とする地域経済が停滞したため，この時期には失業率が上昇した。一方，2000 年は EU 経済の成長をうけて地域経済が回復する時期であり，この年の失業率は 5.0％となって雇用状況からみた地域経済は 5 年間でわずかながら改善している。

　このように 1990 年代後半には景気回復がみられるものの，市の人口は減少傾向を示しており，景気回復は，短期間での急速な人口流入とこれに伴う人口規模の拡大をもたらした訳ではない。市全体での人口変化の傾向をみると，人口は 1995 年の 125.9 万から 5 年間に 1.1 万（0.9％）減少している（表 6-6）。市全体で更新度ごとに人口変化をみると，「中・高」の地区での人口変化は，0.5％というわずかな減少にとどまっているのに対して，「低」の地区では 2.5％の減少であり，形態的な都市再生が継続している地域において，人口が維持されているとみることができる。人口減少の中心は外国人であり，ドイ

表 6-6　距離帯ごとの人口変化（1995 ～ 2000 年）

(単位：%)

距離 (km)	更新度	人口密度 (人／ha)	人口変化 人口	人口変化 ドイツ人	人口変化 外国人
＜ 2	低	(43.6)	-10.2	-1.8	-24.1
	中・高	(142.8)	-6.6	-0.1	-20.8
	計	(87.2)	-7.7	-0.6	-21.9
2 ～ 4	低	(59.4)	-4.3	-2.0	-11.1
	中・高	(139.3)	-2.9	-0.5	-9.0
	計	(107.0)	-3.2	-0.8	-9.4
≧ 4	低	(14.2)	-0.9	-0.4	-2.4
	中・高	(47.0)	0.8	0.9	0.6
	計	(32.3)	0.5	0.7	-0.1
合計	低	(18.7)	-2.5	-0.9	-7.2
	中・高	(57.6)	-0.5	0.6	-3.9
	計	(40.2)	-0.9	0.3	-4.6

Referat für Stadtplanung der LH München 資料より作成。

ツ人が新市街地である都心 4 km 以遠圏を中心として，市全体として 0.3％とわずかではあるが増加しているのに対して，外国人は市全体で 4.6％減少している。外国人の減少は，都心地域となる都心 2 km 圏で明瞭であり，更新度の別を問わず，20％を超える減少となっている。外国人比率を都市区別にみると，老朽化した狭小な住宅が多く残存する中央駅周辺の外国人街や，その周辺を含む都市区 2，3，8 において，割合が急激に減少している。こうした場所には短期間の就労を目的とする外国人も多く居住しており，1990 年代の景気低迷を契機として，その多くが母国へ帰国したり，他地域へと転出したりしたものと推測される。

　一方，人口増加は，都心 4 km 以遠圏でのみ生じており，更新度別の「中・高」の地区では外国人とドイツ人が，ともに増加している。都心 4 km 以遠圏では新規開発が盛んであり，このうち公的住宅の割合の高い地区には，外国人が多数転入し，良質な民間住宅が大量に供給される地域では，主にドイツ人が転入している。統計局の統計資料に基づいて（Statistisches Amt Hrsg., 2001：64-65），2000 年における都市区ごとの転入者数をみると，大規模住宅団地を抱える南部の都市区 16，近年開発の進む北部の都市区 11 や南部の都市区 19 が，上位

に位置づけられており，それらが主要な目的地（着地）となっている[16]。このうち全転入者に占めるドイツ人の割合は，社会住宅の割合が高い都市区11と16ではそれぞれ45.3%，53.0%と，約半数にとどまるが，民間資本による開発が活発な都市区19では61.9%であり，ドイツ人が多くを占めている。都市区19の周辺の都市区20，21，25においても，転入者に占めるドイツ人の割合は，市平均の55.9%をいずれも上まわる数値となっている[17]。いずれの都市区においても，民間資本による開発が進展し，必要十分な面積と機能を備えた住宅が供給されており，これらの地域へドイツ人が多数転入している。

　次に，都心周辺地域に位置づけられる都心2～4km圏に着目し，形態的な都市再生と社会変動の関連を考察する。全体としてみると都心周辺では人口減少がみられるものの，建物更新が活発な都市区や地区ほど人口減少は穏やかとなっており，形態的な都市再生と人口維持との間に相互関係があると判断できる。既述の都心2～4km圏において滅失と建築を通した建替えが特に活発な都市区2，3，5，6，8をみてみると，これらではドイツ人の生産年齢層が転入することで，ドイツ人の人口が維持されており，これに伴って高齢者比率も低下している。都心2～4km圏で更新度「低」と「中・高」，それぞれの地区の人口減少率を比較した場合，建物更新が停滞している更新度「低」の地区における人口減少が著しい。更新度「低」の地区での人口減少率（-4.3%）は，「中・高」の地区のそれ（-2.9%）を上まわる（表6-6参照）。都心2～4km圏の人口変動を国籍別にみると，外国人が市平均を超えて大幅に減少しているのに対して，ドイツ人はわずかな減少にとどまっている。特に，建物更新が活発な更新度「中・高」の地区におけるドイツ人の減少率は，0.5%と若干の減少となっていることからも，建物更新が活発な地区ほど，ドイツ人人口が維持されているとみることができる。これらの地区においては，次節で触れるとおり，民間資本による中高層住宅が増加しており，これに伴って生じた高家賃を負担できるドイツ人世帯を中心にした住宅地域が形成されている。

　また，建物更新が活発である都市区2, 3, 5, 6, 8に着目すると，更新度の「中・高」の地区の多くで，ドイツ人が増加していることから，人口流入が継続していると理解できる。さらに，社会経済活動の中心である18歳～64歳の，いわ

第6章　都市再生政策を通じた都市空間の再編　*149*

ゆる生産年齢人口の割合が高いことからも，住人の一定数が転出入していることが推測される。こうした人口の継続的な流入と生産年齢の維持は，地区全体として人口置換が進展していることを物語っている。こうした人口置換を背景としながら，地域内では多様な年齢や特性を有する社会集団が形成され，就業・就学，また消費活動が維持されるとともに，新たな世帯形成も持続するといった社会的再生産が進展している。1995年から2000年において都市区2，3，5，6，8内の更新度「中・高」の地区で，ドイツ人が若干増加している[18]。これらの増加人口に関する転入者属性のデータは未入手であり，国籍などのさらなる属性の分析はできない。ただ，2000年における都市区ごとの転入者数（Statistisches Amt Hrsg., 2001：64）に基づくと，新市街地ほど高水準ではないものの，いずれの都市区へも多数の転入者が存在しており[19]，主にドイツ人が転入しているとみてよいだろう。また，2000年における18～64歳の生産年齢人口の割合をみると，いずれの地区も市平均の69.9%を上まわる一方で，いずれも65歳以上の高齢者比率は，市平均の15.9%を数ポイント下まわる状態である（Statistisches Amt Hrsg., 2001：43）。

　以上のように，建築物の形態的な側面における都市再生が顕著にみられる地域では，一般的に外国人よりも社会経済的な地位や安定度が高いドイツ人人口が維持され，または増加している。さらに，生産年齢層の割合も高くなっており，形態的な都市再生と人口維持との間に相互関係があると推定できるとともに，地域内では多様な年齢や特性を有する社会集団が形成されて，地域内で持続的な社会経済的活動を通じた社会的再生産が進展しているといえる。

4　都市再生の地域的差異からみた都市レベルの空間再編

　本節では，建築物の形態的側面において都市再生が活発である都心周辺地域に着目して，社会経済的な空間変容を明らかにする。さらに，分析結果をまとめた模式図に基づいて，都市再生政策に伴う空間再編の地域的差異を考察し，都市再生政策が再生事業区域とその周辺地域とを含めた限定的な範囲の地域変容だけでなく，都市レベルの都市空間の再編を促していることを議論したい。

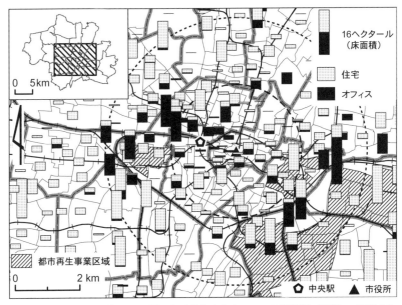

図6-4 ミュンヘンの都心4km圏における住宅とオフィスの供給量（1980～2000年）
Referat für Stadtplanung der Landeshauptstadt München 資料より作成。

4.1 都心周辺地域における都市再生

　建築物の形態的側面での都市再生が盛んである，都心周辺地域に位置づけられる都心2～4km圏に着目し，1980年と2000年での建築物の延床面積と容積率に基づいて建築密度の変化を分析し，さらに形態的変化の中心である住宅とオフィスの延床面積の増加に基づいて社会経済的な空間変容を明らかにする（図6-4）。都心周辺では，建築物の大型化と土地利用の高密度化が進展しており，景観的な変化が著しい。また，従来の主な土地利用であった住宅の割合が減少する一方で，オフィスの割合が増加しているが，これは第1に，1戸当たりの平均延床面積と容積率の増加という建築物の大型化と高密度化を背景とし，第2に，主に従来の鉄道用地や未利用地といった更新度「低」の地区における都市開発を通じたオフィス供給によって生じている。したがって，都心周辺地域の全体でみると，住宅からオフィスへの土地利用の転換が全面的に進んでいることを意味するものではなく，住宅地としての性格を維持しながら，特定の地

区で事業所が増加したことを示している。

まず，都心2～4km圏では1980～2000年において，延床面積が大幅に増加していることに加えて，1戸当たりの平均延床面積と容積率が拡大しており，建築物の大型化と高密度化が進展している。都心2～4km圏に立地する建築物全体の延床面積は，1980年の21.2km^{2}よりも3.8km^2（17.9%）増加した。また，2000年の地区別のデータを利用して，建築物の建築年代ごとの住宅戸数および延床面積を集計し，さらに1戸当たりの延床面積を算出した。その結果，1980～2000年に建築された住宅の1戸当たりの平均延床面積は，都心2～4km圏では84.5 m^{2}に達する[20]。この値は，1949～1979年に建築された住宅の平均延床面積（71.3 m^2）を大きく上まわっており，近年，面積規模の大きい建築物が増加していることを示している。

さらに，総土地面積と総延床面積に基づいて容積率を算出すると，1980年の79.3%から2000年には93.8%へと増加しており，両年次ともに市平均を大幅に超過する[21]。容積率の上昇は，建築物の大型化を通じて生じるだけでなく，単位面積当たりの建築物が増加することで生じる場合もあり，土地利用の高密度化を意味することもある。筆者による景観観察と都市計画局での聞き取りによれば，近年の都心周辺地域における多くの建築では，老朽化した3～5階建ての中層建築物が滅失され，6階建て以上の高層建築物へと建替えられている。既に建築物の高密度化が進んでいる既成市街地内において，建築物の中高層化がさらに進展するという景観的変化が生じている。

次に，都心周辺地域における住宅とオフィスそれぞれの延床面積の変化を分析し，オフィス供給を通じた地域的変容の特徴をまとめる。1980～2000年における都心2～4km圏に立地する建築物の延床面積の増加は3.8km^{2}である。このうち住宅とオフィスは，それぞれ1.7km^{2}と1.0km^{2}増加しており，特にオフィスは1980年の1.1km^{2}から2000年の2.1km^2（190.9%）へと著しく増加している。地区ごとにオフィスの延床面積の増加量をみると，中央駅から西へ延びる鉄道路線沿いの地区（都市区2北部）や，東部の副都心的な東駅付近（都市区5東部）などの特定地区での増加量が突出している。再生事業区域内およびその周辺に位置する更新度「低」の地区におけるオフィス開発が盛んであり，従来の

写真 6-4　ミュンヘン・都心周辺地域におけるオフィスと集合住宅の複合ビル（左）の立地
ミュンヘン旧市街地の西側に位置する都心周辺地域（都市区 8）では，再生事業が実施された。その区域内と周辺地区には，集合住宅のほか，住宅とオフィスの複合ビルやオフィスビルが立地している。写真では，中央の道路を挟み，左手に既存の集合住宅が見られる一方，右側には路面部分や低層階を中心にオフィスとし，中・上層階を集合住宅とする新規の複合ビル，さらに真新しいオフィスビルなどが立地している。2015 年 6 月，筆者撮影。

鉄道用地や未利用地が，オフィスを中心とする都市的土地利用へと変化した。
　こうした開発が実現した背景には，1970 年代後半以降の再生事業の影響に加え，「社会に適合した土地利用」プロジェクトに代表される，1990 年代での市による積極的な都市開発政策がある。筆者によるこれら地域における景観観察，および周辺の住民や商店従業員への聞き取りでは，中央駅近辺の鉄道用地跡にはオフィスビルが建設されているほか，元市有地に賃貸集合住宅も建築されていることが確認できた。また再生事業区域内とその周辺において，オフィスビルや低層階を小売やオフィスビル，中・上層階を住宅として利用する形態のビルが新規に建設され，新たな都市景観を生み出している（写真 6-4）。いずれの開発も，都市再生政策導入後や再生事業後に開始されていることから，都市政策に連動した民間開発と位置づけることができる。
　都心 2 〜 4 km 圏での割合変化では，既述の通り住宅の割合が減少する一方，オフィスの割合は高まっている。これは住宅機能の低下を意味するものでは

なく，更新度「低」の地区を中心としてオフィス供給が増加し，更新度「中・高」の地区で住宅地域が再編されていることを意味する。更新度「低」の地区では住宅が 6.2 ポイント減少する一方で，オフィスは 5.8 ポイント増加しており，更新度「低」の地区においてオフィス供給が活発になされている（表 6-5 参照）。更新度「中・高」の地区でも住宅の割合低下と，オフィスの割合増加がみられるものの，1980 年の時点で住宅の割合が高いだけでなく，2000 年における住宅の割合が 68.3％と，市平均を大きく超過する。加えて 1980～2000 年において住宅戸数と延床面積は僅かながら増加しており[22]，近年においても住宅地域としての性格を維持している。

　こうした住宅地の形態的な再生は，オフィスビルの増加した都心に近隣した地域に加えて，再生事業区域やその近接地域で顕著であり，都市再生政策に伴う空間変容が波及的に生じていることを物語っている。オフィスの割合が著しく増加した中央駅南側の都市区 2 の一部や，再生事業区域に隣接した東駅南側の都市区 5 の一部，またこれらの周辺にあたる都市区 6 の一部，さらに再生事業が実施されている都市区 8 の一部において顕著である。1 ha 当たりの住宅延床面積の変化では，都市区 2 や 5，またそれらと隣接する都市区 6 や 8 の更新度「中・高」の地区，さらに長年にわたり高級住宅地域の一つとされてきたシュバービングを抱える都市区 3 の更新度「中・高」の地区において，値が著しく増加している。1980～2000 年における 1 ha 当たりの住宅の延床面積の増加では，都市区 2，3，5，6，8 の更新度「中・高」の地区での数値が，市平均を大きく上まわる[23]。

　以上のように，建築物の形態的変容が活発に進められている都心周辺の一部では，建築物の大型化と高密度化が進展しており，都心周辺の全体としては住宅地域の特色が維持されつつ，オフィスなどの業務機能が拡大している。中でも都市区 2 や 5 では，再生事業区域内およびその周辺に位置する更新度「低」の地区でのオフィス開発が盛んであり，従来は鉄道用地や未利用地だった土地が，オフィスを中心とする都市的土地利用へと用途転換しており，都市再生政策を一つの契機として特定地区での業務機能の拡大が生じている。同時にこれらの周辺に位置する都市区 6 や 8 の一部などでは住宅戸数と延床面積が増加し，

容積率も増している．再生事業に伴う建築物の建替えや住宅設備の改良，また居住環境の改善は，前章で触れたとおりであるが，こうした都市再生政策の下で実施されたさまざまな事業が，居住地としての魅力を向上させただけでなく，都心周辺という立地条件を有する開発適地として再評価される契機となり，建替えや再開発のための民間投資の活性化につながり，事業区域内やその周辺での土地利用の高度化を進展させているといえる．

4.2 都市再生政策を通じた都市空間の再編
　　　－選択的な都市再生による都市レベルの空間再編－

　これまでの主な知見をまとめた模式図に基づいて，都市再生政策に伴って公的事業の区域という限定された範囲だけでなく，その周辺地域において波及的な影響が及び，都市レベルでの空間再編が進展することを議論する（図6-5）。まず，建築物の形態的側面から都市再生を捉えると，都心2～4km圏の都心周辺において既存建築物の滅失と新築による都市再生が活発であり，特に公的事業である再生事業の実施区域を含み，またそれと隣接する都市区2，3，5，6，8などの特定の地区において都市再生が進展している．このような形態的変容が著しい地域での人口変化と土地利用変化をみると，更新度「中・高」の地区においてはドイツ人比率が高く，またドイツ人を中心とした転入人口が存在するため生産年齢人口が維持されており，社会的変容が進展している．

　これらの都心周辺地域では，全体としては住宅地としての性格が維持されながら，再生事業区域内やその周辺，また都市再生政策の重点地域などの特定地区を中心に，中高層のオフィスビル開発が活発に行われており，オフィスを中心とする経済的な機能が強化されている．このように都市再生政策が実施されることで衰退地域は居住地や経済地区として魅力を回復し，都心周辺という立地条件を活かして開発適地として再評価され，民間資本によって大規模集合住宅やオフィスなどが建設されている．このような変化は，公的事業による直接的な開発行為を契機とした民間投資による開発によって引き起こされており，再生事業という政策的判断を通じて特定地域における選択的な都市再生が進展していると解釈することができるだろう．

第 6 章 都市再生政策を通じた都市空間の再編　155

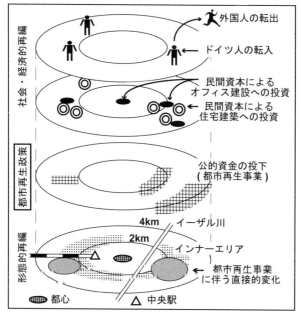

図 6-5　都市再生政策実施に伴う都市再生の模式図

　選択的な都市再生の進展は，主にインナーエリアの衰退地域での公的事業を
きっかけにするものである。インナーエリアの衰退地域では，建築物の老朽化
や社会・経済的に衰退傾向がみられるにもかかわらず，公的資金や民間資本と
もに投下される機会が不足していた。このため，公的事業を通じて事業区域内
で建築物の改良や街路緑化といった短期的な変化が生じている。これに加えて，
事業区域周辺地域も居住地や経済地区として開発可能な対象地，すなわち開発
適地と位置づけられることで，大規模集合住宅やオフィスなどが民間資本に
よって建設されており，事業後数年〜10年単位での中・長期的な変化も波及
的に生じている。とくにミュンヘンのような大都市では，従来から都心の開発
適地が不足する一方で，多額の資金を要する都心周辺地域での民間投資による
開発には限界があった。しかし，経済のグローバル化が顕著となる1980年代
以降，ドイツ南部の経済的中心地として国内外企業の立地が進む中で，それら
の資本も取り入れながら中高層のオフィスビルや，都心近接型の集合住宅の開

発が活発に行われていった。

　都心周辺地域での変化は，都心機能の一部を補完する地域の形成でもあり，それまでの都心と都心周辺地域の機能的な相互関係という観点でみた場合，それぞれが都市内部で果たす役割の変化，言い換えると都市レベルでの機能変化も意味する。都心周辺地域においてオフィスビルや集合住宅が増加することで，これらの地域は問題を抱えた衰退地域から脱却し，都心近接型の居住機能を受け持ち，またオフィスなどの経済的機能の一部を果たすようになっている。従来，都心周辺地域では設備の充実した高品質の住宅が十分ではなく，高家賃であるものの高機能な居住を求める人びとの需要に応えることができなかった。しかし，近年における集合住宅開発を通じて，一定水準の住宅が供給されている。このため，新規住民の多くは，所得水準の高いドイツ人を中心とした生産年齢人口に区分される人びととなっており，都心居住を指向する多様な人材の転入先となっている。また，オフィスなどの事業所の進出は，都心での開発適地不足を背景とするものであり，都心立地型の業務機能を補完する地域が形成されていることを示している。

5　小括

　本章では，ドイツのミュンヘンを事例として，都市再生政策を通じた1980年から2000年における都市空間の形態的・社会経済的変化を分析することで，都市レベルの空間的な再編を明らかにした。分析では，ミュンヘン市の資料に基づいて都市再生政策の展開過程をまとめるとともに，同市都市計画局が管理する建築物現況データと住民属性データに基づいて形態的・社会経済的な側面から都市再生の地域的特性を考察した。

　ミュンヘンでは長期にわたる住宅不足を背景として，量的充足が優先されたが，1970年代以降に居住環境改善を含めた都市再生政策が本格的に導入された。2000年までに個別の既存住宅の改良を促進するための複数の施策が実施されているほか，都市再生事業によって，既成市街地が面的に改善された。1976年以降に実施された都市再生事業を通して，老朽建築物の建替え，物置や住宅

の滅失，敷地内緑化，街路整備といった居住環境改善と居住機能改良が進められ，1990年代後半にはコミュニティ施設建設や失業率対策が実施された。このほかにも積極的な土地利用方針がとられ，中央駅に至る鉄道跡地や未利用地などが開発された。

建築物の形態的側面からみると，都市再生の進展には地域差が存在しており，都心2～4km圏に位置する東西の都市再生事業の実施区域や，都市政策上の重点開発地域である中央駅周辺といった都心周辺地域において都市再生が活発である。また，土地利用に基づいた経済的側面の都市再生では，都心2～4km圏の都心周辺における変化が著しく，住宅およびオフィスが大幅に増加している。さらに人口変化に基づいた都市再生の社会的側面の分析を通して，建物更新が活発である都心周辺の更新度の「中・高」の地区では，ドイツ人が維持，または増加しており，同時に社会的活動の中心である18歳～64歳までの生産年齢人口の割合も高くなっている点が明らかとなった。

また，都心周辺では建築物の中高層化と高密度化が進展しており，住宅地域の機能が維持されつつ，オフィスなどの業務機能が拡大している。中でも都市再生事業区域内およびその周辺に位置する更新度「低」の地区では，オフィス開発が盛んである。かつての鉄道用地や未利用地などが，オフィスなどのより高度な土地利用へと変化しており，都市再生政策を契機として特定地区での業務機能が拡大している。こうした都市再生政策による事業が，都心周辺という立地条件を有する地域の開発地としての魅力を高めている。人口の維持や土地利用の高度化が，都市再生事業という政策的判断を通じて特定地域において進展しており，選択的な都市再生が進行しているといえる。

選択的な都市再生の進展は，主にインナーエリアの衰退地域での公的事業をきっかけにするものである。公的事業を通じて事業区域内で建築物の改良や街路緑化といった短期的な変化が生じるだけでなく，事業区域の周辺地域においても民間資本による開発が行われており，中・長期的な変化も波及的に生じている。こうした都心周辺地域での変化は，都心機能の一部を補完する地域の形成と捉えることができ，都心と都心周辺地域との機能的相互関係という観点からみると，都市レベルでの空間再編が進展している状況といえる。

本章では，都心周辺の特定地域において，形態的な空間再編と社会再生との相互関係がみられる点を指摘した。こうした建築物更新を契機としたドイツ人の流入と生産年齢層の割合の上昇は，他の研究でも指摘されており（Wiessner, 1988；Ito, 2004b），その背景は，家賃上昇の影響として一般的には理解することができる。住宅の改良に伴って家賃負担が困難な低所得者層は地区外へと転出し，負担可能な所得階層が流入しているとされる（Daase, 1995）。本市での新築物件と老朽建築物の平均賃貸料の格差は 1.3 倍に達しており[24]，民間賃貸住宅では一般的に建替えによって賃貸料も上昇するため，建替えを契機として家賃上昇分の負担が困難な低所得者は他地域へ転出している。一方，1990年代後半には同市の業務管理機能が重要度を増しており，こうした経済構造変化に伴って，市内や市外から中・高所得者層に属するドイツ人が，高家賃の良質な住宅が増加しつつある都心周辺へ転入している可能性を推測することができる。

　また，都市周辺の特定地域での形態的な空間再編と社会的再生産現象は，衰退地域への高所得者層の流入と，それに起因する建物環境の改良という広義のジェントリフィケーションとも考えることができる。しかし，今回の事例は衰退地域の居住者属性の上方移動と住宅改良が市場原理に基づいて発生するという一般的なジェントリフィケーションとは異なり，都市再生政策の実施を契機とした一連の空間再編を示すものである。こうした公的事業による住宅機能の改善が人口構造の変容をもたらす実態は，Lochner（1987）のインゴルシュタットでの事例，Daase（1995）によるハンブルクに関する報告，またニュルンベルクでの伊藤（2003）の研究成果とも共通するものであり，都市再生政策が全国的に進められているドイツで一般的なものといえよう。

　これらに加えて本章では，都市再生政策が，居住地環境を改良するだけでなく，都心周辺という立地上の優位性を向上させ，民間開発を促している点を指摘した。都心の開発適地が不足する大都市での民間投資は，国内外資本からも影響を受けており，経済のグローバル化が顕著となる 1980 年代以降，住宅市場分野では海外資本や外国人流入の影響が指摘されている。たとえば，海外からの不動産投資と新専門家集団の流入によって，住宅価格が大きく変動してい

るとされる(Ley and Tutchener, 2001)。ミュンヘンでの都心周辺における形態的・社会経済的な空間再編が，国内外の事業所が多数集積し，オフィスビル需要が旺盛で，また都市内居住を指向する世帯が多数居住する大都市であるが故に生じているとも考えられる。本章での知見が大都市特有なものである可能性を指摘しつつも，当市における総合的で複合的な都市再生政策が，特定地区での形態的，社会的，経済的な都市再生を進展させている点を再度確認したい。都都心周辺での住宅地という既存の特性を維持しつつ，未利用地を積極的に活用させるべく民間資本による再投資を発生させ，持続させるための制度が機能しているといえる。

本章では，滅失と建築件数を指標とする更新度に基づいて形態的変化の空間的パターンを明らかにしたが，更新度は相対的な指標であるため，複数の都市との比較が困難であり，今後，他の大規模都市の事例を蓄積し，それらとの比較を検討すべきだろう。さらに人口特性の中長期的な変動や，1990年代後半以降に本格化した郵便局や鉄道会社の民営化後の土地再開発の影響などの分析も今後の課題である。

注
1) インナーエリアの概念に関しては，第1章の注1)を参照のこと。
2) 建築物現況データは，街路で囲まれた街区 *Block* を単位とした集計されているが，分析単位としては小さすぎるため，本章では統計地区 *Viertel* を分析の基本として利用し，必要に応じて市域に設定されている25の都市区 *Stadtbezirk* を用いる。2000年におけるミュンヘンの街区総数は9,983に達し，分析に要する計算が膨大となる。加えて，街区の平均面積は5〜10 ha, 人口200〜500であり，都市生活の基盤となるコミュニティの最小単位としても規模が小さすぎる。本章では，近隣住区のモデルとしてペリー(1976)が示した面積160エーカー(64 ha), 人口5,000〜6,000程度を参考として，統計地区を分析単位とした。統計地区の平均面積は68 ha, 人口2,700である。なお，ミュンヘンでは行政サービスおよび都市計画上の基本単位となる25の都市区が設定されている。都市区の境界および個数はこれまで複数回変更されており，近年では1996年に24から25へと変更されている。
3) Maier und Beck (2000 : 29-31) によれば，シーメンスは総合電機メーカーとして世界190カ国で事業を展開し，1998年においてグループ全体で38.6万人を雇用する。また，Maier *et al.* (1998) によれば，同社は1847年にベルリンで創業し，1949年に同市にミュンヘン本部を設置，1966年に同本部を本社へ格上げした。ミュンヘンには本社機能のほかに

主要工場を有し，1997年に3.7万の従業員を雇用している。なお，同社は，ドイツ語圏において「ジーメンス」と呼称されるが，本章では同社ウェブサイト日本語版（Siemens Website, 2024）の表現に則り，シーメンスとした。また，Haas und Zademach (2003) によると，BMWは，自動車メーカーとして世界的に事業を展開し，2001年においてグループ全体で従業員数は10万人におよぶ。同社は1917年に創業し，1973年に本社および工場を市北部のオリンピアパークに建設した。

4）アリアンツ *Allianz SE* は，保険を中核とするドイツの大手金融サービス会社であり，持株会社形態で傘下に多数の企業を抱えている。Allianz SE Website (2024) によれば，1890年にベルリンに設立されたアリアンツ保険会社 *Allianz Versicherung AG* が起源であり，その本社は1949年にミュンヘンに移され，新社屋が1954年に竣工した。なお，2006年に同社は，ドイツ法に基づく会社（AG）から欧州連合法に基づく会社（SE：*Societas Europaea*（ヨーロッパ会社））に転換している。2022年におけるグループ全体での売上高は，1,526.7億ユーロ，従業員数は15.7万人（Allianz SE Hrsg., 2023：80, 205）となる。また，ミュンヘン再保険会社（または *Munich RE Group*）は，再保険を中心とした保険サービス企業である。Munich RE Website (2024) によれば，ミュンヘンで1880年に創業され，損害再保険や生命再保険など分野で事業を世界規模に拡大させてきた。2022年における世界全体での売上高は，671億ユーロ，従業員数は4.1万人（Munich RE Hrsg., 2023：60, 217-218）となる。

5）統計局資料に基づいて統計地区ごとに2000年における外国人比率を算出すると，都心2km圏の都市区2や3の一部，特に中央駅西部では市の平均値23.1%を超える地区が大多数を占める。同様に都心2km圏の都市区5のイーザル川東部でも多数の地区が平均値を上まわる。

6）Schröder (2003) によると，第二次世界大戦中の空爆により市域の住宅の33%が失われ，旧市街地では70%の住宅が破壊された。

7）充足比は，住宅総数を総世帯数で除した値であり（総住宅戸数／総世帯数），戸数に対する世帯数の比率を意味する。比率の1は，全ての世帯に住宅が行き渡り，需要と供給が安定している状態であると解釈できる。このため，需要と供給のバランスに関する一つの目安として捉えることができる。ただし，1世帯が住宅1戸を必要としていると仮定しており，複数世帯の居住（多世帯住宅）は考慮されていない。

8）ミュンヘンでは1960年前後になると，住宅老朽化や外国人比率の上昇などの都市発展のマイナス面が，インナーエリアなどの特定地区にみられるようになった（Ritter, 2003）。これに対応して，実現はされなかったものの，1960年代半ばから都市再開発事業 *Stadtsanierung* が計画された（Münchener Gesellschaft für Stadterneuerung mbH Hrsg., 1996:2）。計画区域や主な事業内容などの計画の一部は，1970年代半ば以降の初期の都市再生事業に引き継がれた。

9）三菱UFJ銀行公表の対顧客外国為替相場に基づく2001年末のレートは，1ユーロ＝118.01円であり（三菱UFJリサーチ＆コンサルティングウェブサイト，2024），1990年から2001年までの12年間の3事業の総額である1.4億ユーロは，このレートで換算して約

165億2千万円となる。
10) 距離帯ごとのデータ算出では，GIS のバッファリング機能を利用して，すべての統計地区を次のように市役所（新市庁舎）を中心点とする同心円の距離帯ごとに分類した。（A）都心2km圏の地区は，統計地区のすべてが半径2kmの同心円に完全に含まれるもの，（B）都心2～4km圏の地区は，都心2kmを示す境界上に位置するものを含めて都心2km圏以遠に位置し，かつ都心4km圏に完全に含まれるもの，（C）都心4km以遠圏の地区は，都心4kmを示す境界上に位置するものを含めて都心4km圏以遠に位置するものをそれぞれ指す。
11) 1980～2000年における滅失戸数は，都心2km圏で1,208戸，都心2～4km圏で2,164戸，都心4km以遠圏で12,278戸であるのに対して，新築戸数はそれぞれの距離帯で7,300戸，22,300戸，108,800戸であり，滅失件数と新築件数の間には6～10倍前後の開きがある。なお，新築には市当局による建築許可が必要となるため，ほぼすべての新築件数を把握できるのに対して，滅失では未申請の場合も多いため，滅失件数は実数よりも少ない。
12) 都心4km以遠圏では，「中・高」の地区数が194であるのに対して，「低」のそれは126である。
13) 都市区2, 3, 5, 6, 8のうち，都心2～4km圏の「中・高」の地区は24であるのに対して，「低」は15地区にとどまる。
14) 用途の区分は，都市計画局が設定した区分を再整理し，「住宅」，「オフィス」，「小売」，「公共施設」，「その他」の5つとした。なお，「その他」は工場，宿泊，教養娯楽施設，駐車施設を含んでいる。
15) 1990年代の前半から後半にかけて全国的に景気が後退し，失業率が高まった。ミュンヘンの地域経済も同様に停滞傾向にあり，毎年6月の平均失業率は，1991年に3.0%，93年に4.5%，95年に5.7%と徐々に上昇し，97年には7.1%のピークを迎えた。以後，回復傾向にあり，2000年12月には平均5.0%となった（Statistisches Amt Hrsg., 1995：218；1999：165；2002：179）。
16) 2000年における都市区ごとの転入者数をみると，上位は都市区16（13,263人），都市区9（13,136人），都市区11（11,612人），都市区19（11,057人）となっている。
17) 2000年における都市区20, 21, 25への全転入者に占めるドイツ人の割合は，それぞれ63.0%，60.3%，63.4%である。
18) 1995年から2000年において，都市区2, 3, 5, 6内の更新度「中・高」の統計地区をみると，ドイツ人がそれぞれ次のように増加している。都市区2が0.7%，都市区3が0.2%，都市区5が0.4%，都市区6が1.6%，都市区8が2.4%。
19) 2000年における都市区ごとの転入者数をみてみると，都市区2（10,581人），都市区3（8,229人），都市区5（8,946人），都市区6（5,510人），都市区8（4,613人）となっている。
20) 1980～2000年に建築された住宅の平均延床面積は，市平均では90.5㎡，都心2km圏では80.3㎡，都心4km以遠圏では92.2㎡である。
21) ミュンヘン市全体での容積率は，1980年に27.1%，2000年に34.6%である。
22) 都心2～4km圏では1980～2000年において住宅戸数が1.9万増加し，また延床面積は1980年の13.7㎢から2000年の15.4㎢へと12.4%増加した。

23) 1980年～2000年における1 ha当たりの住宅の延床面積を市全体でみると，更新度「低」の地区で140.9 m²，「中・高」の地区で547.5 m²，「低」の地区と「中・高」の地区をあわせた平均値で365.7 m²それぞれ増加している。これに対して，都市区2，3，5，6，8の更新度「中・高」の地区では，それぞれ1,223.9 m²，1,253.4 m²，1,113.2 m²，881.1 m²，1,330.2 m²と，いずれも市平均を大きく超過して増加している。

24) ミュンヘン市は賃貸住宅の賃料を算出する際の基礎資料として『賃貸料一覧 *Mietspiegel*』を公表しており，ここでは延床面積と築年代を基準とする単位面積当たりの単位価格（基礎価格 *Grundpreis*）が示されている。本章で用いたデータに基づいて算出した都心2～4 km圏での1980～2000年における新築物件の平均床面積90.5 m²を例にとると，1929年築までの建築物の単位価格は6.51ユーロ/m²，1999～2000年に建設された建築物のそれは8.47ユーロ/m²であり（Stadt München Hrsg., 2000），前者の賃料を計算すると589ユーロ，後者のそれは767ユーロとなる。

第7章

結　論

　最終章では，これまでの議論を総括するとともに，本書における都市再生の議論からみえる日本での都市再生の取り組みの課題に触れておきたい。さらに，都市再生を通じた都市空間の持続的な再生のあり方の検討や議論へ向けた論点を整理し，今後に残された課題を示す。

1　本書の総括

　ヨーロッパの都市は，産業革命期から第二次世界大戦後の高度経済成長期の成立・拡大期を経て，1970年代前半以降に，成熟期，もしくは転換期を迎えている。都市空間の成熟・転換期において，複数の空間スケールで都市空間の再編が進んでおり，社会・経済的課題に関する都市政策を通じた都市空間の改変が積極的に行われ，都市の持続的な再編が目指されている。本書は，転換期にあるヨーロッパにおける都市再生を，複数の空間スケールに着目しながら形態的・社会的・経済的な変容を分析することで，持続的な都市空間のあり方を議論しようとした。

　「第1章　序論」では，地理学者・リヒテンベルガーによる都市発展に関するデュアルサイクルモデルを手がかりに，中・長期にわたる都市の形態的・社会的・経済的な空間再編として都市再生を捉え直し，都市再生に関する研究の主要な観点を提示するとともに，主要な観点から都市再生研究を概観した。検討を通じて，都市再生の概念には，広範な関係主体や取り組み内容，さらに中・長期的な空間的プロセスに関する現象が含まれていると整理できる。

　こうした都市再生の広義の概念に基づくと，都市再生研究は，主要な2つの

観点からまとめ直すことができる。1つ目は，都市再生の時間性に関連する議論であり，空間パターンの背景や要因といった形成プロセスに関する研究への視点である。中・長期的な都市再編の中で，都市再生の空間パターンの形成プロセスを扱うものである。その際，多様な関係主体，また取り組み内容の変化といった観点から研究を整理することができる。2つ目は，都市再生の空間パターンに関連する議論であり，都市空間の機能的変容に関する研究への視座である。都市再生を通じた個別の区域・地区における形態的，社会的，経済的な変容に関する研究，再投資を通じた都市空間の再構築に関する議論，さらに政治・社会・経済的側面からみた，都市全体（都市システム上）の機能的な変化についての論考などである。個別の地区から都市全体までの異なる空間スケールで都市再生を捉え直す観点となる。これらの観点は，デュアルサイクルモデルが土木や建築などの工学的手法を通じた形態的な変化だけではなく，社会・経済的な都市再編をも包括して検討するための有力なモデルであることも裏付けていると評価できる。

「第2章 都市空間の形成と転換」では，ヨーロッパにおける都市基盤の成立という観点から，都市空間の再編へ至る背景を歴史的に概観した後，都市の空間的拡大，および機能的・形態的変容の進展を検討した。検討を通じて1970年代前半は，都市空間の形成・変容プロセスにおいて一つの転換点となっており，この時期以降を転換期とみなすことができた。

転換期における都市空間の3つの特徴を指摘できる。第1に，都市内部の経済構造の変化に伴う個々の都市空間の再編の進展である。第2は，2010年代にかけて個々の都市空間だけでなく，大都市圏の社会的・経済的環境が，大きく変貌している点である。この点において，1970年代前半から2010年代にかけての期間を，都市空間の形成・変容プロセスにおける転換期と設定できる。第3の特徴は，都市形成・変容プロセスにおける量から質への転換であり，都市空間の質的改善へ向けた取り組みの拡大がみられる。都市空間の質的改善へ向けた取り組みでは，停滞状況へ対処すべく導入された公的事業だけにとどまらず，個人や各種団体などによる民間投資が喚起され，事業実施地区を中心としながら，都市内の広い範囲に波及する機能的・形態的な変化という再編をも

たらす．

　「第3章　都市システム－ヨーロッパの中軸地域」では，「ブルーバナナ」概念に基づいてヨーロッパの中心軸地域の範囲を設定した上で，広域的観点から都市間の相互関係である都市システムを捉えることで，都市空間の再編の背景を考察した．中軸地域の地域的特徴として，まず，全体として人口密度の高い地域となっており，人口の偏在が認められることを指摘できる．とくに人口集積が進んでいる地域が，イギリス南部から北イタリアにかけての湾曲した形の中軸地域である．次に，人口100万以上の大都市圏の分布をみると，人口や経済規模の大きな国々において，大都市圏が発達し，中でも中軸地域には大都市圏が集中している．国別にみると，ドイツ，イギリス，フランスなど，人口や経済規模の大きな国々において大都市圏が多く発達している．とりわけ巨大な大都市圏は，ロンドンとパリであり，いずれも人口は1,000万を超えている．そのほかにも，マドリード，ミラノ，ベルリン，ルール地域などの人口500～600万の大都市圏が続く．いずれも，各国の首都や経済都市を中心に形成された大都市圏や，ルール地域のように工業都市の連担した大都市圏となっている．

　中軸地域には，人口100万以上の大都市圏が，イギリス南部，オランダ，ドイツなどで近接して立地しているだけでなく，中小規模の都市圏も多数成立しており，規模の異なる多数の都市が，さまざまな社会・経済活動で重層的に結びつき，地域全体として都市の集積地域となっている．中軸地域に立地する人口規模の上位20の大都市圏には，マンチェスター，バーミンガム，ロンドン，アムステルダム，ブリュッセル，ルール地域，シュトゥットガルト，ミュンヘン，ミラノそれぞれの大都市圏が含まれている．いずれも，首都として政治経済的施設や国際的機関が立地する政治・経済都市や，伝統的な商工業都市に当てはまり，人口が集中する素地となっている．中軸地域は，大都市圏などの諸都市が多数集積する地域であり，社会・経済・文化などのあらゆる側面において重要な役割を果たしており，転換期，とくに1990年代以降の都市間競争が進展する中で，経済的・社会的な魅力を向上させるための都市再生が，多くの都市で導入されている．

　「第4章　ドイツの大都市圏の再編とマルチスケールな都市・地域間連携」

では，産業構造転換の進むドイツのライン・ルール大都市圏を事例に，人口変化と就業構造変化を指標として，2000年代における大都市圏の社会・経済的再編を明らかにした。鉄鋼や機械といった大規模な工場群を抱えた旧工業地帯であるルール地域において，製造業の就業者数が減少する一方，第3次産業の就業者の増加は決して十分とはいえない。新たな産業と雇用の創出が，内陸型の旧工業地帯の全域において均一的に円滑に進んでいるわけではなく，失業者数や人口変化には地域的なばらつきがみられる。このことは，都市間での競争力の格差とみることができ，将来的な地域間での経済格差拡大の要因となるとともに，よりミクロには都市内での社会的分極化のさらなる進展や拡大にも関わってくる。

　都市間や地域間で格差が生じる一方，大都市圏内外での都市間・地域間連携が進められている。ドイツの事例では，広域連携が拡大・深化し，国境や行政域を越えた国際的な枠組みも一部でみられる。こうした広域連携では，都市間の相互関係が，競争的かつ協働・共同的であると同時に，マルチスケールで多面的に制度が構築されているという特徴がみられる。ドイツにおけるヨーロッパ大都市圏EMDや，それらの連携団体であるIKMなどを介した活動を通じて，大都市圏を中心とする経済成長が促進されることで，都市再生が進展するための環境整備が行われていた。さらに，ミュンヘンEMDを事例として都市を中心とする地域間連携をみると，都市間連携や対外的な競争力強化，環境保全活動などの取り組みが進められており，EMDは，広域的な空間整備の枠組みとしてだけでなく，情報交流や技術開発協力などを通じて連携する空間的枠組み・広域の経済圏としても理解できる。カールスルーエ都市圏での，地域計画の一体的な立案と協調的な実施のように，法的根拠を有しながら予算執行を伴う実質的な機能を持つ枠組みも存在する。このように経済的優位性を求める都市間競争が激しくなる中で，各都市は商業地域の再開発などの経済機能を強化するだけでなく，大都市圏などの枠組みを通じた連携を深化させることで都市空間の再編を図っている。

　「第5章　公的事業を通じた都市衰退地域の変容－ニュルンベルクの都市再生事業を事例に」では，性格の異なる2事業を事例として，再生事業に伴う衰

退地域の変容を，建築物の形態的変化ならびに社会・経済的変化の観点から明らかにした。ドイツにおいては1970年代前半に大量住宅供給が一段落し，既成市街地での衰退建築物の再生・再利用を目指す再生事業が整備・実施された。公的資金による再生事業は，住宅の形態的・機能的改良や，人口構造変化などの観点から，地域変容に一定の影響を与えた。特に初期の面的再開発の考え方に立脚した再生事業では，短期間において敷地形状が改変され，街路や公共施設が整備された。また，住宅が改築・改修されることにより，住宅が形態的・機能的に大きく変化するとともに，転居を余儀なくされた世帯が多数存在したため人口構成も短期間に変化した。さらに中・長期的にも，街路・緑地や社会施設の整備によって，住宅環境全般が改善され，地区内の建築物の不動産価値も高めた。社会住宅や住宅床面積にゆとりのある住宅も増加したため，外国人世帯に加え，ドイツ人世帯も増加している。一方，単身世帯，若年世帯向けの小規模住宅も多数立地しており，これらに20〜54歳人口が転入し続けているものの，短期間で転出する傾向も認められる。

初期の再生事業に伴う諸問題，とりわけ既存の社会組織や近隣社会関係の崩壊が批判され，その反省をふまえて，現存する建築物を改修する手法が導入された。そうした1980年代以降の事業では，既存住宅の改修と改築が主に実施され，事業期間中には住民が居住し続け，短期的な影響として住民の近隣関係は維持されたといえる。ただし長期的にみると，狭小で，住宅機能が不十分で低廉な賃貸住宅が残存したため，外国人や子どものいる世帯が転入し，短期間で転出する事態も生じている。事例地区では短期間で転入・転出を繰り返す外国人率が，他地区と比較して高くなっており，住民相互による良好な近隣関係を醸成する環境とは言い難い。これは，再生事業後も低家賃の賃貸住宅が残存したことに起因しており，事業目標として既存住宅の活用を掲げたことが，長期的には社会的な衰退地域を残存させていると解釈できる。こうした再生事業後の長期的な社会的変動の側面において課題が残されている。

「第6章 都市再生政策を通じた都市空間の再編－ミュンヘンの事例」では，都市再生政策を通じた1980年から2000年における都市空間の形態的・社会経済的変化を分析することで，都市レベルの空間的な再編を明らかにした。ミュ

ンヘンでは1970年代以降に，居住環境改善を含めた都市再生政策が本格的に導入された。2000年までに個別の既存住宅の改良を促進するための複数の施策が実施されているほか，都市再生事業によって既成市街地が面的に改善された。1976年以降に実施された再生事業を通して，老朽建築物の建替え，物置や住宅の滅失，敷地内緑化，街路整備といった居住環境改善と居住機能改良が進められ，1990年代後半には，コミュニティ施設建設や失業者対策も実施された。このほかにも，積極的な土地利用方針がとられ，中央駅に至る鉄道跡地や未利用地などが開発された。建築物の形態的側面からみると，都市再生の進展には地域差が存在しており，都心2～4km圏に位置する東西の再生事業の実施区域や，都市政策上の重点開発地域である中央駅周辺といった都心周辺地域において，都市再生が活発である。また，土地利用に基づいた経済的側面の都市再生では，都心2～4km圏の都心周辺における変化が著しく，住宅およびオフィスが大幅に増加している。さらに人口変化に基づいた都市再生の社会的側面の分析を通して，建物更新が活発である都心周辺の一部地区ではドイツ人が維持，または増加しており，同時に社会的活動の中心である18～64歳の生産年齢人口の割合も高くなっていた。

　また，都心周辺地域では建築物の中高層化と高密度化が進展しており，住宅地としての居住機能が維持されながら，オフィスなどの業務機能が拡大している。中でも再生事業区域内およびその周辺に位置する一部地区では，オフィス開発が盛んであり，都市再生政策を契機として特定地区での業務機能が拡大している。こうした都市再生政策による事業が，都心周辺という立地条件を有する地域の開発地としての魅力を高めている。人口の維持や土地利用の高度化が，再生事業という政策的判断を通じて選択的に特定地域において進展している。こうした選択的な都市再生は，主にインナーエリアの衰退地域や都市政策上の重点開発地域において，公的事業をきっかけにして開始され，進行するといえる。公的事業を介して，直接的には事業区域内で建築物の改良や街路緑化といった短期的な変化が生じる。しかし，これだけでなく，事業区域の周辺地域においても，民間資本による開発が行われており，中・長期的な変化も波及的に生じている。こうした都心周辺地域での変化は，都心機能の一部を補完す

る地域が形成されていることを意味し，都心と都心周辺地域との機能的相互関係という観点において，都市レベルでの空間再編が持続的に進展している状況として捉えられる。

2 本書での議論からみえる日本の都市再生の取り組みの課題

　本書では，中・長期的な観点から都市再生を検討すべく，ヨーロッパの都市発展に関する議論から開始し，次に複数の空間レベルから都市再生の空間パターンに関する検討を行った。具体的には，第2章で検討したとおり，1970年代前半から2010年代にかけて，都市空間の形成・変容プロセスにおいて転換期であることを示した。また，ヨーロッパのような古くから都市が発達し，国境を越えた社会的流動や経済的活動が活発にみられるだけでなく，EU（欧州連合）のような国家の枠組みを超えた連携を可能とする制度を有する地域において，個別の都市空間の変容を考察する時には，他都市との結びつきや関係を考慮することで，変容の背景や要因をより明瞭にすることが可能となる。このため，複数の空間レベルでの検討が有益であるとの判断から，第3章では，ヨーロッパにおける都市空間を広域的・巨視的な観点から捉え，都市システムという都市間の相互関係において都市再生の背景を考察した。中軸地域という社会・経済・文化的中心地帯の存在が，都市空間の再編の背景となっていることを指摘した。また，第4章での議論から，ドイツのライン・ルール大都市圏を事例に，都市空間の形成・変容プロセスの転換期において，大都市間や大都市圏内での連携や都市間の相互関係が，重層的な空間スケール（マルチスケール）で構築され，多面的な都市連携の下で都市空間が再編していたことを示した。さらに，個別の都市空間の再編を事例地区レベルのミクロの視点から分析すると，第5章で扱ったニュルンベルクでの事例の通り，公的事業を通じた建築物などの形態的変化，また社会・経済的変容が生じていることが明らかとなった。ただし第6章で触れたとおり，都市再生政策を介した空間再編は，事業区域に限定されているわけではなく，都市空間全体の機能的な変化をもたらしていた。

　これらの本書で明らかとなった知見は，いずれも，持続的な都市空間の再編

としての都市再生が，リヒテンベルガーを手がかりとする再定義に合致していることを示している．すなわち，都市再生が中・長期にわたる都市の形態的・社会的・経済的な空間再編として捉えうることを裏付けている．具体的には，都市再生政策を始めとする多くの取り組みは，単なる物理的・形態的な改良のみならず，地域の人々の暮らしを維持・継承し，経済活動を円滑に持続させる社会的・経済的再編をもたらす複合的な側面を有するものであるとみなすことができる．こうした基本的な特性を有するものとして都市再生を捉えることで，公的な事業が契機となり中・長期的な民間資本による投資を呼び込むことが可能となり，ひいては事業区域を越えた周辺地域の変容が促進され，さらに都市レベルの空間全体が自立的に再編されていく．

　したがって，都市再生を目指す公的事業では，次の2点に留意すべきであろう．第1に，公的事業は，中・長期的な空間的な波及効果を生じさせるという経年的な変化に対する配慮であり，第2に，都市レベルの空間的再編を誘引しうるという空間的な視点である．第1の視点に立脚すると，街区整備など短期的な変化を目指す事業を通じて特定の事業区域が変容することで，10年単位の中・長期的に民間資本による投資が誘引され，そうした都市建設を通じて事業区域を含む広い範囲における空間変容が進展する．第2の視点に立てば，巨額な財政支出を伴う工学的手法による大規模な再開発事業のみが，持続的な都市空間の再編を可能とするわけでないとみることができる．特定区域内での法的規制の緩和や，建築物の改修・改築のための補助金や助成金制度の導入といった制度の整備を通じても，個人や民間資本などの取り組みが円滑に進められ，市街地が，社会的・経済的・形態的に改変され，都市空間全体としての再編が持続するのである．こうした都市空間の再編を通じて，各地区の有する業務や居住機能など機能的分担も変化し，都市空間の特性も更新されていくことになるため，中・長期的な視点に立った，都市構造全体の将来像のもとでの事業立案が必要となる．

　「都市再生」は，多くの国や地域で政策的課題となっており，日本でも同様である．ただ，日本における都市再生に関する国の施策導入の背景と過程をみると，都市再生を目指す公的事業では，上記の2点が必ずしも重視されてい

表 7-1 日本における都市再生関連施策の展開（1998 年～ 2010 年）

年	法律・制度	内容
1998	中心市街地活性化法制定	「市街地の整備改善」と「商業等の活性化」推進。
	都市計画法改正	地域ごとの大型店の適正な立地を規定。
1999	都市再生委員会設立の方針	経済戦略会議答申。
2000	大規模小売店舗立地法施行	大型店舗の郊外進出に関する制約。周辺の生活環境への配慮。
2001	都市再生本部設置の決定	4月，経済対策閣僚会議での「緊急経済対策」の一つとして決定。
	都市再生本部の発足	5月，閣議決定に基づく正式発足。都市再生プロジェクト，都市再生緊急整備地域指定と都市再生特別地区の決定，全国都市再生の推進。
	地方都市再生の重点分野決定	8月，都市再生本部による決定。4つの重要項目を明示。
2002	都市再生特別措置法制定	都市再生緊急整備地域指定，民間都市再生事業計画の認定，都市計画の特例，都市再生整備計画に基づく事業等に充てるための交付金等を規定。
	全国都市再生の推進に関する施策検討	地方自治体からの提案に基づき，プロジェクトの内容を検討。2003 年度以降，全国都市再生モデル調査開始。
2004	まちづくり交付金創設	市町村による都市再生整備計画に基づき実施される事業等の費用に充当。
2006	中心市街地活性化法改正	中心市街地活性化本部設置，基本計画の認定，中心市街地活性化協議会の設置。
2010	社会資本整備総合交付金	市町村による社会資本整備総合計画に基づき実施される事業等の費用に充当。まちづくり交付金は基幹事業（市街地整備分野）の「都市再生整備計画事業」に継承。

国土交通省都市・地域整備局まちづくり推進課（2011）より作成。

る訳ではないといわざるを得ない。導入の大きな背景となった出来事として，1990 年代以降に地方都市を始めとして，中心市街地の社会的・経済的停滞が顕在化し，また景気低迷の影響が深刻化したことを指摘できる。再開発を通じた地方都市などの都市経済の活性化や，地域コミュニティ再生が，社会的にも関心を集めるようになった[1]。これを受け 1998 ～ 2000 年に，いわゆるまちづくり三法が整備され，都市域とくに中心市街地の経済的衰退に対する対策が進められるようになる（表 7-1）。

加えて，都市の形態的・社会的衰退対に対する施策として，1999 年の経済戦略会議答申において「都市再生委員会」設立の方針が示され，また 2001 年 4 月に経済対策閣僚会議で「緊急経済対策」として都市再生本部設置の方針が決定された。これを受けて同年 5 月に閣議決定に基づき内閣総理大臣を本部

長とする同本部が設置されるなど,「都市再生」が政策上でもキーワードの一つへとなっていった[2]。2002年4月には都市再生特別措置法が制定されたが,同法により「都市再生」は,「都市機能の高度化及び都市の居住環境の向上」(都市再生法第1条) であると定義された。この定義と,既述の欧米での都市再生とを比較すると,本邦のそれでは,市街地の形態的な地域変容のみが強調され,社会的・経済的な都市空間の改善が含まれていないようにも読み取れる。しかし,都市再生本部が緊急経済対策の一環として設置されたという経緯や,同本部が,新たな都市再生プロジェクトの推進や土地の有効利用といった施策を推進することを主な目的として設立された点からみると,当初から経済的側面が重視されていたと判断できるだろう。

都市再生本部は,3つの「都市再生」の主な取り組みを定めたが,このうち2つは大都市を主に対象とするものであった[3]。いずれも主に大都市での開発行為に対する規制の緩和・撤廃と支援策が中心であり,大手不動産業・建設業者が一部の大都市都心部で開発や再開発を進めているに過ぎないといった批判が当初からみられた (大野,2004)。主な取り組みの3つ目は,中小を含めた全国の都市を対象とするものであり,「全国都市再生の推進」として公共施設整備と同時に,民間活力を生かした地域の活性化を連携的に進める支援策とされた[4]。2002年度から国は,地方公共団体等からの提案を受け,協議会や検討会を立ち上げるとともに,翌年度から全国都市再生モデル調査を開始し,「全国都市再生の推進」の具体化へ向けた検討を開始した。

さらに,国土交通省は2004年に「公共施設整備と民間活力の連携による全国都市再生」[5]を進めるべく「まちづくり交付金」(のち,社会資本整備総合交付金)を導入し,地方都市を含めた都市再生へ向けた財政的支援を本格化させた。2004〜2010年度に同交付金の対象となったのは748市町村,1,276件である[6]。同交付金は,市町村が作成した都市再生整備計画に基づき実施される事業等の費用に充当され,事業費に対して約4割が交付されている。都市再生整備計画に位置付けられた,まちづくりに必要な様々な施設・制度整備を対象としており,都市再生基本方針に合致する計画であれば,地域や都市の規模に制限されず申請できるため,民間投資の限定的な地方都市や中小の市町村のまちづくり

に活用されることが期待された。

　他方で，中心市街地の活性化を目指す施策が，1990年代後半以降に整備され，2000年代に入ると，まちづくり交付金制度に代表される，地方の中小都市を含めた公的な事業も導入されている。このうち福島市を事例とする都市再生整備計画に基づくまちづくり交付金による事業では，実際には道路整備などのいわゆるインフラ整備が中心となっており，来街者や居住人口の増加といった社会的・経済的な影響は限定的であった（伊藤，2012）。まちづくり交付金においては，地域コミュニティ拠点整備，高齢者や子育て拠点整備，観光や景観整備といったソフト面での支援も交付対象となっていた。既に全国でそれらを核とする都市再生整備計画が策定され，事業が実施されているものの（国土交通省都市・地域整備局まちづくり推進課，2010），都市公園や港湾施設の整備といったインフラ整備が数多く含まれているのが実態である。

　このようにみると，日本における都市再生政策に基づく公的事業にはいくつかの課題があるとみることができる。それは，中・長期的な変化に対する配慮の不十分さであり，都市レベルの空間的再編を誘引しうるという空間的な視点の軽視である。こうした課題は，本書でのこれまでの議論に加え，関連法規の定義からも理解できるだろう。たとえば2002年4月制定の都市再生特別措置法（2020年6月改正）では，「都市再生」は「都市機能の高度化及び都市の居住環境の向上」および「都市の防災に関する機能を確保」（都市再生法第1条）することであると定められている。政策的な措置の展開では，重要となる将来の「あるべき」地域像に基づいて，限定された事業区域を短期間に変化させることが重視される一方で，中・長期的な変化や，都市空間の再編に関する配慮は十分とはいえない。近年，徐々に重視される政策内容が変化し，都市空間の再編を促す仕組みになりつつあるものの，人口減少が進展する都市・地域において，活気ある都市・地域を維持するという観点からみると，事業内容とその予算規模は，改善すべき点も多く，都市空間全体の再編を見渡す計画内容や制度上の工夫の余地があると指摘できる。そもそも少子高齢化が加速し，人口減少が国レベルで進行する日本社会において，都市内部の人口を継続的に維持するための方策も十分に議論されていない。公的事業も活用しながら，形態・社

会・経済を含めた総合的な都市再生を促す制度的な取り組みを拡大させることで，空間的な波及効果を生み出し，中・長期的な空間的再編を促進させる観点が今後求められるだろう。

3　今後の都市再生のあり方の検討や議論へ向けて

　最後に，本書における「都市再生」の議論に基づき，持続的な都市再生のあり方の検討や議論へ向けた論点を整理しておきたい。本書で強調した，中・長期的に都市再生を捉えようとする1つ目の観点は，成田（1987）による大都市衰退地区の生成と変化に関する立場に近い。また，社会的，経済的条件の空間的な変化として都市再生を位置づける2つ目の視点は，Sassen（1998）による世界都市の変容に関する議論，特にグローバル経済が世界都市などの大都市の成長や変容，さらに競争戦略などの都市政策に強く影響を及ぼしているとの視座に近しい。同様に，Laurence and Hall（1981：97-99）が，国内外での経済的基盤の変化に着目しながら，資本主義システムの下での資源をめぐる競争をインナーシティー問題の根源としている捉え方にも類似するといえる。

　1つ目の中・長期的に都市再生を捉えようとする観点に基づけば，都市再生は数十年単位の時間軸の中で捉える現象であり，2つ目の視点からは，個々の都市全体への配慮だけでなく，周辺都市との社会・経済的結びつきへの視座が求められる。こうした着目点からは，近年における「都市再生」と標榜する公的事業の目的や成果を見通す時間的，空間的視野は狭いと再度指摘しておきたい。第1章でも触れた，公的事業による「再生」の限界の背景には，財政問題だけでなく，都市再生に関するこれらの根本的な課題があるとみてよいだろう。つまり，土木や建築などの工学的手法に依拠した都市再生の波及効果の射程の短さである。政策目標に合致する特定の区域が選定され，都市再生が短期的な政治的目的のため，一方的な方法で展開されている（Weaver and Bagchi-Sen, 2013：61），という批判である。日本における都市再生の公的事業の多くでも，同様の傾向を有することは既述の通りである。

　また，既存の都市再生政策の対象とされている，個別の事業区域の設定の仕

方も課題として浮かび上がる。リヒテンベルガーによるデュアルサイクルモデルに基づく都市発展のプロセスにおいて，都市衰退，あるいは都市内部の衰退地域は，既成市街地周辺の郊外での都市開発と都市中心部への再投資のバランスの不均衡さによって発現し，都市内における形態的・社会的・経済的な荒廃が生じているとされている。一方，「再生」すべき衰退地域が曖昧なまま政策目標と整合する地域が選定される傾向にある。既存の都市再生の「衰退」する事業地区の選定では，人口属性や土地利用のような特定の指標に基づいて衰退地区を特定したとしても，指標の取捨選択は，一定の割合で経験則に基づかざるを得ず，特定や選定は恣意的で，主観的な判断に陥る危険性がある（Weber, 2002）。このため，実証的データに基づいて現象を定量化しうる根拠を欠いたまま，政策目標に合致する特定の区域が選定される傾向にあると指摘されている（Weaver and Bagchi-Sen, 2013：60）。すなわち，政策目標を実現する手段としての都市再生では，「再生」すべき衰退地域が曖昧なままであり，個別地域の形態的・社会的・経済的な都市空間における特性が十分に考慮されていない事業が数多くみられるという批判である。都市空間の全体の中で衰退地域の形態的・社会的・経済的な特性を考えていく必要があるだろう。

　それでは，都市空間の全体の中で特定区域の形態的・社会的・経済的な特性をとらえる手がかりとは何か。この点に関して，空間論的転回 *Spatial Turn* の議論が一つのヒントとなるだろう。空間論的転回とは，土地，場所，空間との関係性に着目し，社会的・経済的・形態的などの課題に対する新たな意味づけ，また意義の発見や付与を重視する考えであり，1980 年代以降に人文・社会科学分野を中心に展開されている（犬塚，2017；神田，2013）。伝統的に空間に着目してきた地理学においても，グローバリゼーションの進展を背景としながら，空間，場所，地理的想像力などの重要性が再評価されているとされる（Warf and Arias, 2014）。グローバル経済化は，国民経済を超越する形で国家の枠組みを取り払い，電子化を通じた脱空間の傾向を加速させることになるが，一方で，都市空間は依然として現実の諸活動の中心として優位性を保持しているのも事実である（Sassen, 1998）。こうした状況下で，都市空間における多様性が尊重されるローカル化の取り組みが注目され，「場」のアイデンティティーを尊重し，

回復，創造する地理的空間の重要性が見直されているのである。

このように現代の都市では，経済空間をはじめ均質化する方向でグローバル化が進行するのと平行して，多様性が尊重されるローカル化の取り組みも再評価されている。人々の生活や諸活動の基盤となる地理的空間の重要性を踏まえて，都市空間において進展する画一的な都市開発への反省と脱却が議論されることとなる。すなわち，比較優位性を目指す都市間競争のため画一的な都市開発が世界各地で広がりをみせる一方で（金澤，2013），個々の地域における歴史・人文的要素を取り込んだ生活空間を再構築しようとする主張が展開されるのである。

したがって，都市再生のあり方の検討や議論において，我々は，次の2つを再検討すべきだろう。1つ目は，グローバル経済に代表される都市空間の外部環境への視点であり，都市空間の改変に関する政治的・社会的動向を，中・長期的に広い視野から捉える必要性である。この視点には，特定時期の景気動向といった経済的側面だけでなく，都市空間の再形成に関する政策的側面や，人口移動やエスニシティの変化といった社会的側面，さらに再形成の前提となる都市開発の技術的側面も含まれている。また，2つ目は，ローカル化に代表される生活空間への視点であり，持続可能な都市空間を目指す前提となる土地や場所に根ざした都市空間の将来像への配慮が必要となる。2つ目の視点には，個々の地域における人々の生活や諸活動や場所に関するアイデンティティーの基盤となる文化的側面，形態的・社会的・経済的な外部環境の変化に対応させて個別地域を再構築させる歴史的側面，さらに個別地域の開発の前提となる自然的側面などが含まれる。これら2つの視点を通じて，かつて繁栄していた時代を目指す回顧主義でもなく，開発主体側目線による経済的な効率優先主義でもなく，生活や諸活動に根ざした潜在的な可能性を含めた，持続的な都市空間の再編を可能にすることが期待できる。これらに関する詳細な検討は，今後の課題としたい。

注
1）日本でも，都市内の特定地域における建築物の老朽化や局地的な人口高齢化をはじめ，

都市空間の形態的・社会的衰退が一般に注目されるようになって久しい。1990年代後半以降，住宅金融公庫による都市住居再生融資制度など，所有者自身による既存建築物の補修・改築を促進するための制度が整備され，都市空間の形態的な再編も進みつつある。

2) 都市再生本部は，2002年6月の都市再生特別措置法の施行により，同法に基づく組織へ移行した（国土交通省ウェブサイト，2011；国土交通省ウェブサイト，2024）。なお，2007年10月に政府内の地域活性化関係4本部（都市再生本部，構造改革特別区域推進本部，地域再生本部，中心市街地活性化本部。後に総合特別区域推進本部が加わり5本部となっている）の会合は，「地域活性化統合本部会合」として合同で開催されており（内閣官房デジタル田園都市国家構想実現会議事務局ウェブサイト，2024），都市とその他の地域を含む地域再生に関する実質的に統一した合議体が発足している。事務局は，内閣府に置かれた「地域活性化統合事務局」に統一され，同事務局はその後，2015（平成27）年1月に内閣府地方創生推進室に改組されている（中西，2015）。

3) 2011年11月時点での都市再生本部の取り組みのうち，大都市を主に対象とする2つは，①国・地方公共団体・民間事業者が一体的に推進する「都市再生プロジェクト」の推進，②民間都市開発投資を促進する「都市再生緊急整備地域」の指定や都市計画の特例としての「都市再生特別地区」の決定，である（国土交通省ウェブサイト，2011）。前者は国直轄事業，まちづくり交付金や各種の補助事業などからなり，2001～2007年に全国23事業が決定された。また，都市再生緊急整備地域として2011年10月時点で計65地域，約6,612 haが指定され，既存の用途・容積率等の規制を適用除外とする都市再生特別地区として2011年8月時点で52地区が決定した（内閣官房地域活性化統合事務局ウェブサイト，2011）。

4) 都市再生本部は「全国都市再生の推進」として，2001年8月に「中心市街地における商業機能の活性化と住宅，福祉などの用途の多機能化（住宅，福祉施設等の立地促進）」，「人が集まる交通結節点における交流機能の充実（駅，駅前広場，自由通路等の整備，連続立体交差事業）」，「誰でも快適に活動できるためのバリアフリーと公共交通機関の充実」，「民間が行うまちづくり活動，NPO活動の活性化」を示した（内閣官房地域活性化統合事務局ウェブサイト，2011）。

5)「公共施設整備と民間活力の連携による全国都市再生」の具体策は，まちづくり交付金のほか，都市再生機構による支援，民間都市再生整備事業と関わる支援措置（民間都市開発推進機構による金融支援と税制の特例）などからなる（国土交通省ウェブサイト，2011）。なお，まちづくり交付金は2010年度に社会資本整備総合交付金に統合され，同交付金の基幹事業である「都市再生整備計画事業」となっている。

6) まちづくり交付金予算は，2007年度に2,430億円，2008年度に2,510億円，2009年度に2,332億円と推移した（国土交通省都市・地域整備局まちづくり推進課，2008；2009）。

文　　献

＊文献末尾の【　　】内は，本書内の章。たとえば，【第4章】と表記された文献は，本書
　第4章における参考文献であることを意味する。

青木真美（2019）:『ドイツにおける運輸連合制度の意義と成果』日本経済評論社，
　216p.【第4章】
赤星健太郎・小玉典彦・中田雄介・磯貝敬智（2011）：グラン・パリに見る国と地方
　との連携による国家戦略の推進方策に関する研究－大都市圏の国際競争力強化の
　ためのフランスの取り組み事例の紹介．都市計画論文集，46(3), 343-348.【第2章】
阿部大輔（2003）：バルセロナ旧市街における初動期の都市再生政策の特徴に関する
　研究．都市計画論文集，38(3), 589-594.【第1章】
荒又美陽（2011）:『パリ神話と都市景観－マレ保全地区における浄化と排除の論理』
　明石書店.【第2章】
安藤準也（2005）：ドイツ・イギリスの先進的取り組みをふまえた都市再生特別地区
　の運用・活用の方向性．都市計画，54(6), 19-23.【第1章】
飯嶋曜子(2007):EU統合に伴う国境地域の変化－ユーロリージョンの展開.小林浩二・
　呉羽正昭編『EU拡大と新しいヨーロッパ』pp.115-129, 原書房.【第2章；第4章】
伊藤貴啓（2016）：オランダ国境地域研究ノート－越境する人びとと空間動態の変化
　を視点に－．地理学報告（愛知教育大学），118, 31-49.【第3章】
伊藤徹哉（2003）：ドイツにおける都市更新事業に伴う住宅地域変容－1970年代以
　降のニュルンベルクを事例として－．経済地理学年報，49, 197-217.【第1章；第
　6章】
伊藤徹哉（2009）：ミュンヘンにおける都市再生政策に伴う空間再編．地理学評論，
　82, 118-143.【第1章】
伊藤徹哉（2011a）：ブルガリアでのEU統合下における地域的経済格差の背景．地球
　環境研究（立正大学），13, 11-23.【第3章；第4章】
伊藤徹哉（2011b）：都市の形成と再生．加賀美雅弘編『世界地誌シリーズ3　EU』

pp.40-50，朝倉書店．【第 4 章】

伊藤徹哉（2012）：都市再生をまちづくりに取り入れる－福島県福島市－（シリーズ まちづくり・地域づくり第 10 回）．地理，57(2)，74-83．【第 1 章；第 7 章】

伊藤徹哉（2013）：ドイツの大都市圏における社会・経済的再編－ライン・ルール大都市圏を事例に－．地域研究，53(1-2)，1-19．【第 3 章】

伊藤徹哉（2021）：中欧・東欧の都市．羽場久美子ほか編『中欧・東欧文化事典』pp.394-395，丸善出版．【第 2 章】

犬塚　元（2017）：政治思想の「空間論的転回」．立命館言語文化研究,29(1),67-84．【第 7 章】

大西　隆（2003）：都市再生の展望と転換期のまちづくり．大西　隆・森田　朗・植田和弘・神野直彦・苅谷剛彦・大沢真理編『講座　新しい自治体の設計 2　都市再生のデザイン』pp.1-28，有斐閣．【第 1 章】

大西　隆編著（2011）：『広域計画と地域の持続可能性』学芸出版社，253p.

大野隆男（2004）：〈都市再生〉の戦略と手法の検討．建設政策研究所編『〈都市再生〉がまちをこわす　現場からの検証』pp.24-50，自治体研究社．【第 7 章】

大場茂明（2003）：『近代ドイツの市街地形成－公的介入の生成と展開－』ミネルヴァ書房，264p.【第 4 章】

大場茂明（2004）：ドイツにおける都市再生の新たな戦略－"Stadtumbau Ost"プログラムを中心として－．人文研究－人間行動学編（大阪市立大学大学院文学研究科），55(3)，141-164．【第 1 章】

大場茂明（2019a）：転換期のドイツ住宅政策－ユニタリズムから多様化へ－．都市住宅学，105，49-54．【第 2 章】

大場茂明（2019b）：『現代ドイツの住宅政策－都市再生戦略と公的介入の再編－』pp.36-37，明石書店．【第 2 章】

岡部明子（2003）：『サステイナブルシティー EU の地域・環境戦略』学芸出版社．【第 2 章；第 3 章】

小原丈明（2018）：都市開発・都市再生．経済地理学年報（経済地理学の成果と課題第 VIII 集），64（別冊），124-128．【第 1 章】

加賀美雅弘（2010）：都市の発達 その変化．加賀美雅弘・川手圭一・久邇良子『ヨーロッパ学への招待－地理・歴史・政治からみたヨーロッパ』pp.57-74，学文社．【第 2 章】

金澤良太（2013）：都市間競争とイデオロギーとしての創造都市－グローカル化と企業家的都市の台頭－．年報社会学論集，26，75-86．【第 7 章】

神田孝治（2013）：文化／空間論的転回と観光学．観光学評論，1，145-157．【第 7 章】

菅野峰明（2003）：都市機能と都市圏．高橋伸夫・菅野峰明・村山祐司・伊藤　悟『新しい都市地理学』pp.45-70，原書房．【第 4 章】

北河大次郎（1997）：19 世紀フランス都市土木計画思想とパリ大改造．土木計画学研究・論文集，No14，487-496．【第 2 章】

公益財団法人矢野恒太記念会編（2021）：『世界国勢図会 2021/22 年版』公益財団法人矢野恒太記念会．【第 3 章】

黄　幸（2017）：ジェントリフィケーション研究の変化と地域的拡大．地理科学, 72 (2)，56-79．【第 1 章】

厚生労働省ウェブサイト（2021）：令和 3 年度「出生に関する統計」の概況－人口動態統計特殊報告．https://www.mhlw.go.jp/toukei/saikin/hw/jinkou/ tokusyu/syussyo07/dl/gaikyou.pdf（最終閲覧日：2024 年 2 月 8 日）．【第 5 章】

国土交通省ウェブサイト（2011）：http://www.mlit.go.jp/crd/index.html（最終閲覧日 2011 年 11 月 3 日）．【第 7 章】

国土交通省ウェブサイト（2024）：都市再生について．https://www.mlit.go.jp/toshi/machi/index.html（最終閲覧日：2024 年 2 月 25 日）．【第 7 章】

国土交通省国土交通政策研究所（2002）：『EU における都市政策の方向とイタリア・ドイツにおける都市政策の展開（国土交通政策研究第 16 号）』．国土交通省国土交通政策研究所．【第 4 章】

国土交通省国土政策局ウェブサイト（2011）：各国の国土政策の概要．https:// www.mlit.go.jp/kokudokeikaku/international/spw/general/germany/index.html（最終閲覧日：2024 年 1 月 21 日）．【第 4 章】

国土交通省都市・地域整備局まちづくり推進課（2008，2009）：『平成 20 年度　まちづくり推進課関係予算概要』『21 年度　まちづくり推進課関係予算概要』国土交通省都市・地域整備局．【第 7 章】

国土交通省都市・地域整備局まちづくり推進課（2010）：『都市再生整備計画を活用したまちづくり実例集』国土交通省都市・地域整備局．【第 7 章】

児玉　徹（2003）：マンチェスターにおける「都市再生」．季刊経済研究（大阪市大），26(3)，1-22．【第 1 章】

自治体国際化協会ロンドン事務所ウェブサイト（2018）：ベルリン駐在員レポート－欧州大都市圏リージョン（EMR）の現状．https:www.jlgc.org.ukjpresearchresearcher-expat（最終閲覧日：2024 年 1 月 23 日）．【第 4 章】

篠原二三夫・真田年幸・渡部　薫（2003）：英国の地方都市における都市再生に向けた試行と成果－ギャップ・ファンディングと魅力溢れるアーバン・デザインの導

入一．ニッセイ基礎研所報, 29, 144-210.【第 1 章】

渋澤博幸・氷鉋揚四郎（2000）：英米国における都市再開発政策に関する研究．地域学研究, 31, 305-321.（https://doi.org/10.2457/srs.31.305）．【第 1 章】

鈴木　茂（2004）：バーミンガムの都市再生政策－国際交流と都市・地域．文化経済学, 17, 91-98.【第 1 章】

総務省統計局ホームページ（2023）：統計表で用いられる地域区分の解説．https://www.stat.go.jp/data/kokusei/2000/guide/2-01.htm.（最終閲覧日：2023 年 12 月 13 日）．【第 3 章】

高橋伸夫・菅野峰明・村山祐司・伊藤　悟（1997）：『新しい都市地理学』東洋書林．【第 1 章】

田口　晃（2008）：『ウィーン－都市の近代（岩波新書 1152）』岩波書店．【第 2 章】

田原裕子（2020）：「100 年に一度」の渋谷再開発の背景と経緯－地域の課題解決とグローバルな都市間競争－（2020 年人文地理学会大会　特別研究発表 SP22）．（https://doi.org/10.11518/hgeog.2020.0_18）．【第 1 章】

チズ, T.（2007）・ポーランドにおける地域格差の拡大　小林浩二　呉羽正昭編著『EU 拡大と新しいヨーロッパ』pp.101-111，原書房．【第 4 章】

ディーテリッヒ, H・コッホ, J. 著，阿部成治訳（1981）：『西ドイツの都市計画制度－建築の秩序と自由』学芸出版社．【第 5 章】

都市構造改革研究会・エクスナレッジ編（2003）：『都市・建築・不動産　都市再生と新たな街づくり事業手法マニュアル』エクスナレッジ．【第 1 章】

中西　渉（2015）：地方創生をめぐる経緯と取組の概要．立法と調査（参議院事務局企画調整室編）, 371, 3-17.【第 7 章】

内閣官房地域活性化統合事務局ウェブサイト（2011）：http://www.toshisaisei.go.jp/index.html（最終閲覧日：2011 年 11 月 1 日）．【第 7 章】

内閣官房デジタル田園都市国家構想実現会議事務局ウェブサイト（2024）：地域活性化統合本部会合とは？．https://www.chisou.go.jp/tiiki/kaisai.html（最終閲覧日：2024 年 2 月 25 日）．【第 7 章】

成田孝三（1979）：わが国大都市のインナーシティーと都市政策．季刊経済研究, 1(3/4), 43-68.【第 6 章】

成田孝三（1987）：『大都市衰退地区の再生』大明堂．【第 1 章；第 7 章】

早田　宰（2003）：イギリスにおける都市再生－世界都市ロンドンの経験－．都市問題, 94(6), 97-111.【第 1 章】

福川裕一（2003）：都市再生政策は都市空間をどのようにかえるか．都市計画, 51(6),

9-12.【第 1 章】

藤井　正（2015）：コラム 15　田園都市．藤井　正・神谷浩夫編著『よくわかる都市地理学』p.93，ミネルヴァ書房．【第 2 章】

藤塚吉浩（1994）：ジェントリフィケーション－諸外国における研究動向と日本における研究の可能性－．人文地理，46，496-514.【第 1 章；第 6 章】

藤塚吉浩（2017）：『ジェントリフィケーション』古今書院．【第 1 章】

ブローム，W.・大橋洋一（1995）：『都市計画法の比較研究：日独比較を中心にして』日本評論社．【第 5 章】

フロリダ，R. 著，小長谷一之訳（2010）：『クリエイティブ都市経済論－地域活性化の条件』日本評論社，250p．Florida, R. (2004): *Cities and the Creative Class 1st. Edition*. Routledge.【第 4 章】

ペリー C.A. 著，倉田和四生訳（1976）：『近隣住区論』鹿島出版会．【第 6 章】

三菱 UFJ リサーチ＆コンサルティングウェブサイト（2024）：https://www.murc.jp/ および https://www.murc-kawasesouba.jp/fx/index.php（最終閲覧日：2024 年 1 月 31 日）．【第 5 章；第 6 章】

武者忠彦（2020）：人文学的アーバニズムとしての中心市街地再生．経済地理学年報，66，337-351.【第 1 章】

村上曉信（1996）：ハワード「田園都市論」における都市農村計画思想．都市計画論文集，31，115-120.【第 2 章】

森川　洋（1995）：『ドイツ－転機に立つ多極分散型国家－』大明堂，300p．【第 4 章】

森川　洋（2008）：『行政地理学』古今書院，309p．【第 4 章】

森川　洋（2017）：ドイツの空間整備における「同等の生活条件」目標と中心地構想．自治総研，43 (no.470)，31-49. https://doi.org/10.34559/jichisoken.43.470_1【第 4 章】

森川　洋（2019）：ドイツの空間整備におけるメトロポール地域構想．自治総研，45 (No. 490)，1-20. https://doi.org/10.34559/jichisoken.45.490_31【第 4 章】

山神達也（2015）：都市化と都市圏形成．藤井　正・神谷浩夫編著『よくわかる都市地理学』pp.102-104，ミネルヴァ書房．【第 1 章】

山田　徹（2015）：ドイツの大都市リージョン制－「ドイツのヨーロッパ大都市リージョン」について．山田　徹編『経済危機下の分権改革－「再国家化」と「脱国家化」の間で』pp.113-145，公人社．【第 4 章】

山本健児（1980）：ミュンヘンにおける「ガストアルバイター」住民の空間的セグリゲーション．人文地理，32，214-37.【第 5 章】

山本健児（1982）：ドイツ連邦共和国における外国人労働者の地域的分布，地理学評論，

55，85-112．【第 5 章】

山本健兒（1993）：『現代ドイツの地域経済』法政大学出版局．【第 6 章】

山本健兒（1995）：『国際労働力移動の空間』古今書院．【第 2 章；第 5 章】

山本健兒（2007）：ドイツの都市政策における「社会的都市プログラム」の意義．人文地理，59，205-226．【第 1 章】

Adam, B. und Stellmann, J. G. (2002): Metropolregionen – Konzepte, Definitionen und Herausforderungen. *Informationen zur Raumentwicklung*. Heft 9, 513-525.【第 4 章】

Allianz SE Hrsg., (2023): *Geschäftsbericht Allianz Gruppe 2022*. München: Allianz SE. https://www.allianz.com/de/investor_relations/ergebnisse-berichte.html （最終閲覧日：2024 年 2 月 18 日）．【第 6 章】

Allianz SE Website (2024): *Geschichte der Allianz*. https://www.allianz.com/de/ueber-uns/wer-wir-sind/geschichte.html （最終閲覧日：2024 年 2 月 18 日）．【第 6 章】

Amt für Geoinformation und Bodenordnung (1999): *Bodenrichtwertkarte*. Nürnberg: Stadt Nürnberg.【第 5 章】

Amt für Stadtforschung und Statistik (1996): *Nürnberg in Zahlen*. Nürnberg: Presse- und Informationsamt.【第 2 章】

Amt für Stadtforschung und Statistik (1999a): *Statistisches Jahrbuch der Stadt Nürnberg 1999*. Nürnberg: Stadt Nürnbergs Hausdruckerei.【第 5 章】

Amt für Stadtforschung und Statistik (1999b): *Innergebietliche Strukturdaten Nürnberg 1999*. Nürnberg: Stadt Nürnbergs Hausdruckerei.【第 5 章】

Amt für Wohnen und Stadterneuerung Hrsg. (1983): *Nürnberger Wohnungsbericht 1982*. Nürnberg: Stadt Nürnberg.【第 5 章】

Amt für Wohnungswesen des Sozialreferats Hrsg. (1981): *Bericht zur Wohnungssituation in München 1977/ 1978/ 1979*. München: Stadt München.【第 6 章】

Baureferat (1976): *Beschuß des Stadtentwicklungs- und Stadtplanungsausschusses vom 30. Juni 1976*. München: Stadt München.【第 6 章】

Beck, H. (1972): Neue Siedlungsstrukturen im Großstadt-Umland: aufgezeigt am Beispiel von Nürnberg-Fürth. *Nürnberger Wirtschafts- und Sozialgeographische Arbeiten*, Band 15.【第 5 章】

Blotevogel, H.H. (2002): Deutsche Metropolregionen in der Vernetzung. *Informationen zur Raumentwicklung*, 6/7, S.345-351.【第 4 章】

Böhm, H. (2000): *Deutschland- Die westliche Mitte*. Braunschweig: Westermann.【第 4 章】

Brunet, R. (1989): Les Villes européennes, Rapport pour la DATAR, Délégation à l'Aménagement du Territoire et à l'Action Régionale, under the supervision of Roger Brunet, with the collaboration of Jean-Claude Boyer et al., *Groupement d'Intérêt Public RECLUS, La Documentation Française.* Paris.【第 3 章】

Bundesamt für Bauwesen und Raumordnung und IKM Hrsgs. (2008): *Regionales Monitoring 2008- Daten und Karten zu den Europäischen Metropolregionen in Deutschland.* Bonn: Bundesamt für Bauwesen und Raumordnung.【第 4 章】

Bundesminister für Raumordnung, Bauwesen und Städtebau Hrsg. (1985): *Nürnberg-Gostenhof; Modellvorhaben zur vereinfachten Sanierung (Schriftenreihe 01 "Modellvorhaben, Versuchs- und Vergleichsbau-vorhaben" Heft Nr. 01.075).* Bonn: Bundesminister für Raumordnung, Bauwesen und Städtebau.【第 5 章】

Bundesregierung Hrsg. (2004): *Nachhaltige Stadtentwicklung–ein Gemeinschaftswerk; Städtebaulicher Bericht der Bundesregierung 2004.* Berlin: Bundesregierung.【第 6 章】

Burgess, E.W. (1925): The growth of the city. In R.E. Park, E.W. Burgess and R.D. Mckenzie eds.: *The city*, pp.47-62. Chicago: Chicago University Press.【第 1 章】

Carmon, N. (1999): Three generations of urban renewal policies: analysis and policy implications. *Geoforum*, 30, 145-158.【第 1 章】

Commission of the European communities (1997): *Towards an urban agenda in the European Union (COM (97) 197 final.* Brussel: Commission of the European Communities.【第 4 章】

Couch, C. (2003): Urban regeneration in Liverpool. In C. Couch, C. Fraser and S. Percy eds. *Urban regeneration in Europe*, pp.34-55. Oxford: Blackwell Science Ltd.【第 1 章】

Clay, P. L. (1980): The rediscovery of city neighborhoods: reinvestment by long time residents and newcomers. In S.B. Laska and D. Spain eds.: *Back to the city: issues in neighborhood renovation (Pergamon policy studies on urban affairs)*, pp.13-26. Oxford: Pergamon Press.【第 1 章】

Daase, M. (1995): Prozesse der Stadterneuerung in innenstadtnahen Wohngebieten am Beispiel Hamburg-Ottensen. *Mitteilungen der Geographischen Gesellschaft in Hamburg*, 85. 1-141.【第 1 章；第 5 章；第 6 章】

Deutsche Akademie für Städtebau und Landesplanung Landesgruppe Bayern Hrsg. (1988): *Städtebau im Wandel–Stadtteil Nürnberg Langwasser.* Nürnberg: Druckhaus Nürnberg.【第 5 章】

Deutscher Städtetage Hrsg. (1999): *Statistisches Jahrbuch Deutscher Gemeinden.* Köln: Druckerei und Verlag J.P. Bachem.【第 5 章】

De Verteuil G. (2011): Evidence of gentrification-induced displacement among social services in London and Los Angeles. *Urban Studies*, 48, 1563–1580.

Eckart, K. (2000): Siedlungsstrukturen und Siedlungsräume, In K. Eckart Hrsg., *Deutschland*, pp.65-106. Gotha und Stuttgart: Klett-Perthes.【第 2 章；第 5 章】

Eltages, M., und Walter, K. (2001): Einführung–Städtebauförderung: historisch gewachsen und zukunftsfähig. *Informationen zur Raumentwicklung (Bundesamt für Bauwesen und Raumordnung)*, Heft 9/10, 1-10.【第 1 章；第 5 章】

Endres, R. und Fleischmann, M. (1996): *Nürnbergs Weg in die Moderne–Wirtschaft, Politik und Gesellschaft im 19. und 20. Jahrhundert*. Nürnberg: W. Tümmels.【第 5 章】

Faludi, A. (2015): The "Blue Banana" revisited. *The European Journal of Spatial Development (Nordregio, Nordic Centre for Spatial Development and Delft University of Technology, Faculty of Architecture and Built Environment)*, No. 56, 1-26.【第 3 章】

Fangohr, H. (1988): Großwohnsiedlungen in der Diskussion–Am besten alles abreißen ?. *Geographische Rundschau*, 40(11), 26-33.【第 5 章】

Fritzsche, A., und Kreipl, A. (2003). Industriestadt München–Eine Nachkriegskarriere. In G. Heinritz, C. C. Wiegandt, und D. Wiktorin Hrsgs.: *Der München Atlas*, pp.160-161. Köln: Hermann-Josef Emons Verlag.【第 6 章】

Gemeinsame Statistik-Portal HP (2011): http://www.statistikportal.de/Statistik-Portal/（最終閲覧日 2011 年 5 月 21 日）.【第 4 章】

GISCO-Eurostat (2018): http://ec.europa.eu/ eurostat/.（最終閲覧日：2018 年 2 月 6 日）.【第 3 章】

Gläßer, E., Schmied, M. W. und Woitschützke, C.P. (1997): *Nordrhein-Westfalen: mit einem Anhang Fakten- Zahlen- Übersichten*. Gotha: Klett-Perthes.【第 4 章】

Haas, H. D. und Zademach, H. M. (2003): Headquarter- Standort München. In G. Heinritz, C. C. Wiegandt, und D. Wiktorin Hrsgs.: *Der München Atlas*, pp.162-163. Köln: Hermann-Josef Emons Verlag.【第 6 章】

Hatz, W. (2001): Altstadtsanierung in Augsburg–Inventionen, Auswirkungen auf die Bevölkerung, Perspektiven. *Angewandte Sozialgeographie*, 41, 119-288.【第 1 章；第 5 章】

Hatz, G. (2021): Can public subsidized urban renewal solve the gentrification issue? Dissecting the Viennese example. *Cities*, 115. https://doi.org/ 10.1016/j.cities.2021.103218.【第 1 章】

Heineberg, H. (1988): Die Stadt im westlichen Deutschland–Aspekte innerstädtischer Struktur und Funktionsveränderung in der Nachkriegszeit. *Geographische Rundschau*, 40(1), 20-9. 【第 5 章】

Heineberg, H. (2001): *Grundriß Allgemeine Geographie: Stadtgeographie (2. aktualisierte Auflage)*. Paderborn: Ferdinand Schöningh.【第 4 章；第 5 章】

Hofmeister, B. (1999): *Stadtgeographie*. Braunschweig: Westermann.【第 2 章】

Höhne, R., J. Maier, L. Oergel, H. Ruppert, und W. Weber (1998): Bevölkerung und Siedlungsstruktur. In J. Maier Hrsg.: *Bayern*, pp.25-53. Gotha & Stuttgart: Klett-Perthes.【第 5 章】

IKM ウェブサイト (2024): https://deutsche-metropolregionen.org/ （最終閲覧日：2024 年 1 月 23 日）.【第 4 章】

Ito, T. (2004a): Influence of housing policies on the renewal in urban residential areas in Germany. In M. Pacione ed.: *Changing Cities- International Perspectives*, pp.185-194. Glasgow: Universities Design and Print.【第 1 章】

Ito, T. (2004b): Areal differentiation of renewal in the urban residential area in Germany: A case study of Nuremberg. *Geographical Review of Japan*, 77, 223-240.【第 1 章；第 6 章】

Jaedicke, W. and H. Wollmann (1990): Federal Republic of Germany. In W. Vliet ed.: *International handbook of housing policies and practices*, pp.130-154. New York: Greenwood Press.【第 5 章】

JST ウェブサイト (2021): https://jglobal.jst. go.jp/ （最終閲覧日：2021 年 9 月 5 日）.【第 1 章】

Jordan-Bychkov, T. G. and Jordan, B. B, (2002): *The european culture area- A systematic geography (4th ed.)*, pp.286-298, Lanham: Rowman & Littlefield Publishers Inc. ジョーダン＝ビチコフ T. G.・ジョーダン B. B. 共著, 山本正三・石井英也・三木一彦共訳 (2005)：『ヨーロッパー文化地域の形成と構造ー』二宮書店，428p.【第 2 章；第 4 章】

Kahler, S. and Harrison, C. (2020): 'Wipe out the entire slum area': university-led urban renewal in Columbia, South Carolina, 1950-1985. *Journal of Historical Geography*, 67, 61-70.【第 1 章】

Klingbeil, D. (1987): Epochen der Stadtgeschichte und der Stadtstrukturentwicklung. In R. Geipel, und G. Heinritz Hrsgs.: *München- Ein sozialgeographischer Exkursionsführer (Münchener Geographische Hefte, Nr. 55&56)*, pp.67-100. Regensburg: Verlag Michael Lassleben Kallmünz.【第 6 章】

Killisch, W. (1986): Stadterneuerung als Aufgabe der Städtebaupolitik- Von der Flächensanierung zur erhaltenden Erneuerung am Beispiel der Städte Fürth und Bamberg, In H. Hopfinger Hrsg.: *Franken- Planung für eine bessere Zukunft? Ein Führer zu Projekten der Raumplanung*, pp.113-148. Nürnberg: Verlag Hans Carl.【第 1 章；第 5 章】

Knoxs, P. K. and McCarthy, L. (2005): *Urbanization (2nd ed.)*, pp.46-51. New Jersey: Pearson

Prentice Hall. 【第 2 章 ; 第 3 章】

Kuhn, G. (2003): Gründung und Mittelalter. In G. Heinritz, C. C. Wiegandt, und D. Wiktorin Hrsgs.: *Der München Atlas*, pp.26-27. Köln: Hermann-Josef Emons Verlag. 【第 6 章】

Landesbetrieb Information und Technik NRW Hrsg. (2009a): *Kreisstandardzahlen 2009- Statistische Angaben für kreisfreie Städte und Kreise des Landes Nordrhein-Westfalen.* Düsseldorf: Information und Technik Nordrhein-Westfalen, Geschäftsbereich Statistik. 【第 4 章】

Landesbetrieb Information und Technik NRW Hrsg. (2009b): *Statistisches Jahrbuch Nordrhein- Westfalen.* Düsseldorf: Information und Technik Nordrhein- Westfalen, Geschäftsbereich Statistik. 【第 4 章】

Landesbetrieb Information und Technik NRW (2011): http://www.it.nrw.de/index.html（最終閲覧日 2011 年 4 月 12 日）. 【第 4 章】

Landry, C. (2000): *The Creative City: A Toolkit for Urban Innovators*. Earthscan. ランドリー著, 後藤和子監訳（2003）:『創造的都市―都市再生のための道具箱』日本評論社. 【第 2 章】

Laurence, S. and Hall, P. (1981): British policy responses. In P. Hall ed.: *The inner city context*, pp.97-99. Portsmouth: Heineman. 【第 7 章】

Lees, L. (2012): The geography of gentrification: Thinking through comparative urbanism. *Progress in Human Geography*, 36(2), 155-171. 【第 1 章】

Levy, J. M. (2005): *Contemporary urban planning*, 7th. New Jersey: Pearson Prentice Hall. 【第 1 章】

Ley, D. (1996): *The new middle class and the remaking of the central city*. New York: Oxford University Press. 【第 1 章】

Ley, D. and Tutchener, J. (2001): Immigration, globalization and housing prices in Canada's gateway cities. *Housing Studies*, 16(2), 25-39. 【第 6 章】

Lichtenberger, E. (1990): Stadtverfall und Stadterneuerung. Wien: Verlag der Österreichischen Akademie der Wissenschaften. 【第 1 章 ; 第 2 章 ; 第 5 章】

Lichtenberger, E. (2005): *Europa- Geographie, Geschichte, Wirtschaft, Politik*. pp. 140-144; 175-212, Darmstadt: Primus Verlag in Wissenschaftliche Buchgesellschaft (WBG). 【第 3 章】

Lochner, I. (1987): Wirkungsanalyse von Stadterneuerungen: dargestellt am Beispiel zweiter Altstadtquartiere in Ingolstadt. *Arbeitsmaterialien zur Raumordnung und Raumplanung am Lehrstuhl Wirtschaftsgeographie und Regionalplanung der Universität Bayreuth*, Heft 54, 1-169. 【第 1 章 ; 第 5 章 ; 第 6 章】

London, B. (1980): Gentrification as urban reinvasion: some preliminary definitional and theoretical considerations. In S.B. Laska and D. Spain eds.: *Back to the city: issues in neighborhood renovation (Pergamon policy studies on urban affairs)*, pp.77-92. Oxford: Pergamon Press.【第 1 章】

Luca, S. (2021): Births and the city: Urban cycles and increasing socio‐spatial heterogeneity in a low‐fertility context. *Tijdschrift voor Economische en Sociale Geografie (Journal of Economic & Social Geography)*, 112(2), 195-215.【第 1 章】

Maier, J. und Beck, R. (2000): *Allgemeine Industriegeographie*. Gotha & Stuttgart: Klett-Perthes.【第 4 章 ; 第 6 章】

Maier, J. und Troeger-Weiß, G. (1990): Suburbanisierung im mittelfränkischen Verdichtungsraum-Entwicklungen, Strukturen sowie Konsequenzen für die kommunale Wirtschaftspolitik und Landesentwicklungspolitik. *Arbeitsmaterial der Akademie für Raumforschung und Landesplanung*, EV173, 88-134.【第 5 章】

Maier, J., Ruppert, H., und Weber, W. (1998): Gewerbliche und industrielle Standorte. In J. Maier Hrsg.: *Bayern*, pp.128-168. Gotha: Klett-Perthes.【第 6 章】

Manfred, F. und Harald, M. (1994): Großwohnsiedlungen- Gestern, Heute, Morgen. *Informationen zur Raumentwicklung (Bundesforschungsanstalt für Landeskunde und Raumordnung)*, Heft 9, 567-586.【第 5 章】

McCrone, G. and Stephens, M. (1995): *Housing policy in Britain and Europe*. UCL Press.【第 2 章 ; 第 5 章】

Merriam-Webster Inc. ed. (1988): *Webster's new geographical dictionary*. Merriam-Webster Inc.【第 2 章】

Metropoleruhr (2011): http://www.metropoleruhr. de/ （最終閲覧日 : 2011 年 3 月 10 日）.
　　筆者注 : 2024 年 1 月 23 日現在の URL は https://metropole.ruhr/【第 4 章】

Michel, D. (1998): Das Netz der europaischen Metropolregionen in Deutschland-Raumordnungspolitische Fragestellungen an die Regional- und Raumforschung. *Raumforschung und Raumordnung*, Bd. 56 Nr. 5-6, 362-368. https://doi.org/10.1007/BF03183759【第 4 章】

Müller, B. (1985): Das Bleiweißviertel in Nürnberg: Veränderung der Bevölkerungsstruktur während der Sanierung. *Mitteilungen der Fränkischen Geographischen Gesellschaft*, 29/30, 373-401.【第 1 章 ; 第 2 章 ; 第 5 章】

Münchener Gesellschaft für Stadterneuerung mbH Hrsg. (1996): *Stadterneuerung in München*. München: Münchener Gesellschaft für Stadterneuerung mbH.

Munich RE Website (2024): https://www.munichre.com/de.html（最終閲覧日：2024 年 2 月 18 日).【第 6 章】

Munich RE Hrsg. (2024): *Konzerngeschäftsbericht 2022*. Munich Re. https://www.munichre.com/de/unternehmen/investoren.html（最終閲覧日：2024 年 2 月 18 日）.【第 6 章】

Murphy, A. B., Jordan-Bychkov, T. G. and Jordan, B. B. (2009): *The european culture area- A systematic geography (5th ed.)*, p.298. Lanham: Rowman & Littlefield Publishers Inc.【第 2 章】

Nützel, M. (1993): Nutzung und Bewertung des Wohnumfeldes in Großwohngebieten am Beispiel der Nachbarschaften U und P in Nürnberg-Langwasser. *Arbeitsmaterialien zur Raumordnung und Raumplanung an der Univesität Bayreuth*, 119, 1-119.【第 5 章】

Österreichischen Akademie der Wissenschaften website (2021): https://www.oeaw.ac.at/m/lichtenberger-elisabeth.（最終閲覧日：2021 年 6 月 16 日）.【第 1 章】

Otremba, E., (1950): *Nürnberg-Die alte Reichstadt in Franken auf dem Wege zur Industriestadt*. pp.62-76. Verlag des Amtes für Landeskunde Landshut.【第 2 章】

Pounds, N. J. G. (1969): The urbanization of the classical world. *Annals of The Association of American Geographers*, 59, 155.【第 2 章】

Primus, H. and Metselaar, G. (1992): *Urban renewal policy in a European perspective*. Delft: OTB Research Institute- Delft University Press.【第 1 章】

Raco, M. (2003): Assessing the discourses and practices of urban regeneration in a growing region. *Geoforum*, 34, 37-55.【第 1 章】

Region Köln/Bonn (2011): http://www.region-koeln-bonn.de/（最終閲覧日：2011 年 3 月 10 日）【第 4 章】

Referat für Stadtplanung und Bauordnung Hrsg. (1985): *Bericht zur Wohnungssituation in München 1980-83*. München: Stadt München.【第 6 章】

Referat für Stadtplanung und Bauordnung Hrsg. (1995): *Perspektive München- Analysen zur Stadtentwicklung*. München: Stadt München.【第 6 章】

Referat für Stadtplanung und Bauordnung Hrsg. (2000a): *Bericht zur Wohnungssituation in München 1998-99*. München: Stadt München.【第 6 章】

Referat für Stadtplanung und Bauordnung Hrsg. (2000b): *Soziale Stadt- Neue Ansätze der Stadtsanierung und Stadtteilentwicklung*. München: Stadt München.【第 6 章】

Renner, M. (1997): Zum Stand von Stadterneuerung und Stadtumbau. *Informationen zur Raumentwicklung (Bundesforschunganstalt für Landeskunde und Raumordnung)*, Heft 8/9, 529-542.【第 1 章；第 5 章】

Ritter, S. (2003): Stadtsanierung in München. In G. Heinritz, C.C. Wiegandt und D. Wiktorin Hrsgs.: *Der München Atlas*, pp.54-55. Köln: Hermann-Josef Emons Verlag.【第1章；第6章】

Ruming, K., McGuirk, P. and Mee, K. (2021): What lies beneath? The material agency and politics of the underground in urban regeneration. *Geoforum*, 126, 159-170.【第1章】

Sassen, S. (1991): *The Global City: New York, London and Tokyo*. Princeton University Press. サッセン, S. 著, 伊豫谷登士翁監訳（2008）:『グローバル・シティーニューヨーク・ロンドン・東京から世界を読む』筑摩書房.【第1章】

Sassen, S. (1998): *Globalization and its discontents: essays on the new mobility of people and money*. New Press. サッセン, S. 著, 田淵太一・原田太津男・尹　春志訳（2004）:『グローバル空間の政治経済：都市・移民・情報化』岩波書店.【第1章；第7章】

Schaller, S. F. (2021): Public–private synergies: Reconceiving urban redevelopment in Tübingen, Germany. *Journal of Urban Affairs*, 43(2), 288-307.【第1章】

Schatz, B. und Sellnow, R. (1997): Ökologische Stadterneuerung Nürnberg Gostenhof-Ost. *Informationen zur Raumentwicklung (Bundesforschungsanstalt für Landeskunde und Raumordnung)*, Heft 8/9, 543-556.【第5章】

Schneider, O. (1986): Vorwort: Erfahrungen mit der Sanierung nach dem Städtebauförderungsgesetz- Perspektiven der Sanierung. *Schriftenreihe "Stadtentwicklung" des Bundesministers für Raumordnung, Bauwesen und Städtebau*, Heft 02.036, 3-4.【第5章】

Schrader, M. (1998): Rhurgebiet. In E. Kulke Hrsg.: *Wirtschaftsgeographie Deutschlands*. Gotha & Stuttgard: Klett-Perthes.【第4章】

Schröder, F. (2003): Die Zerstörung Münchens im Zweiten Weltkrieg. In G. Heinritz, C. C. Wiegandt, und D. Wiktorin Hrsgs.: *Der München Atlas*, pp.38-39. Köln: Hermann-Josef Emons Verlag.【第6章】

Smith, N. (2000): Gentrification. In R. Johnston, D. Gregory, G. Pratt and M. Watts eds.: *The Dictionary of Human Geography (4th Edition)*, pp.294-296. Oxford: Blackwell.【第1章】

Smith, N. (2002): New globalism, new urbanism: gentrification as global urban strategy. *Antipode*, 34, 497-531.【第1章】

Siemens Website (2024): https://www.siemens.com/jp/ja.html（最終閲覧日：2024年1月31日）.【第6章】

Sinz, M. und Schmidt-Seiwert, V. (2003): München- Eine europäische Metropole. In G. Heinritz, C. C. Wiegandt, und D. Wiktorin Hrsgs.: *Der München Atlas*, pp.10-11. Köln: Hermann-Josef Emons Verlag.【第6章】

Spethmann, H. (1933 und 1938): *Das Ruhrgebiet im Wechselspiel von Land und Leuten,*

Wirtschaft, Technik und Verkehr, 3 Bende, Verlag von Reimar Hobbing.【第 4 章】

Stadt München Hrsg. (2000): *Mietspiegel 2001*. München: Stadt München.

Stadt Nürnberg Hrsg. (1970): *Daten und Überlegung zum Sanierungsgebiet Blaiweißviertel*. Nürnbeg: Stadt Nürnberg.【第 5 章】

Stadtplanungsamt und Stadtvermessungsamt (1984 und 1990): *Sanierung Bleiweißviertel-Dokumentation*. Nürnberg: Stadt Nürnberg.【第 5 章】

Statistisches Amt Hrsg. (1995): *Statistisches Handbuch 1995*. München: Statistisches Amt der Landeshauptstadt München.【第 6 章】

Statistisches Amt Hrsg. (1999): *Statistisches Jahrbuch 1999*. München: Statistisches Amt der Landeshauptstadt München.【第 6 章】

Statistisches Amt Hrsg. (2001): *Statistisches Jahrbuch 2001*. München: Statistisches Amt der Landeshauptstadt München.【第 6 章】

Statistisches Amt Hrsg. (2002): *Statistisches Jahrbuch 2002*. München: Statistisches Amt der Landeshauptstadt München.【第 6 章】

Statistisches Bundesamt HP (2011): http://www.destatis.de/jetspeed/portal/cms/（最終閲覧日 2011 年 4 月 13 日）.【第 4 章】

Statistisches Bundesamt Website (2024): *Daten aus dem Gemeindeverzeichnis Städte in Deutschland nach Fläche, Bevölkerung und Bevölkerungsdichte*. https://www.destatis.de/DE/Themen/Laender-Regionen/Regionales/ Gemeindeverzeichnis/（最終閲覧日：2024 年 1 月 20 日）.【第 5 章；第 6 章】

Statistisches Bundesamt Hrsg. (2010): *Statistisches Jahrbuch 2010*. Wiesbaden: Statistisches Bundesamt.【第 4 章】

Steflbauer, W. (1993): *Geographische Aspekte des Grundeigentums in München (Münchener Geowissenschaftliche Abhandlungen Reihe C Geographie 3)*. München: Friedrich Pfeil.【第 6 章】

Stoob, H. (1990): Leistungsverwaltung und Städtebildung zwischen 1840 und 1940. In H. H. Blotevogel ed., *Kommunale Leistung und Stadtentwicklung vom Vormärz bis zur Weimarer Republik*, pp.215-240. Böhlau Verlag.【第 2 章】

The Department of Economic and Social Affairs of the United Nations (2023): *The 2018 Revision of World Urbanization Prospects*. https://population.un.org/wup/（最終閲覧日：2023 年 12 月 13 日）.【第 3 章】

Universität Wien website (2021): https://homepage.univie.ac.at/elisabeth.lichten-berger/（最終閲覧日：2021 年 6 月 16 日）.【第 1 章】

Van Weesep, J. (1994): Gentrification as a research frontier. *Progress in Human Geography*, 18, 74–83.【第 1 章】

Walther, U-J. (2002): Ambitionen und Ambivalenzen: Soziale Ziele in der Städtebauforderung- das junge Programm "Soziale Stadt". *Informationen zur Raumentwicklung (Bundesamt für Bauwesen und Raumordnung)*, Heft 9/10, 527-538.【第 1 章；第 5 章】

Warf, B. and Arias, S. (2014): *The spatial turn- Interdisciplinary perspectives (Routledge Studies in Human Geography)*. London and New York: Routledge.【第 7 章】

Weaver R. C. and Bagchi-Sen S. (2013): Spatial analysis of urban decline: The geography of blight. *Applied Geography*, 40, 61-70.【第 7 章】

Weber, R. (2002): Extracting value from the city: neoliberalism and urban redevelopment. In N. Brenner and N. Theodore eds.: *Spaces of neoliberalism: Urban restructuring in North America and Western Europe*, pp.172-193. Oxford: Blackwell Publishing.【第 7 章】

Wiessner, R. (1987): Wohnungsmodernisierungen- Ein behutsamer Weg der Stadterneuerung?: Empirische Fallstudie in Altbauquarieren des Nürnberger Innenstadtrandgebiets. *Münchener Geographische*, Hefte 54, 1-279.【第 5 章】

Wiessner, R. (1988): Probleme der Stadterneuerung und jüngerer Wohnungsmodernisierung in Altbauquartieren aus sozialgeographisher Sicht- Mit Beispielen aus Nürnberg. *Geographische Rundschau*, 40(11), 18-25.【第 1 章；第 5 章；第 6 章】

Zehner, K. (2001): *Stadtgeographie*. Gotha & Stuttgart: Klett-Perthes.【第 4 章】

あとがき

　本書は，筆者が筑波大学に提出した博士論文の一部をまとめた論文に加え，その後に行った調査研究の成果を中心として構成されている．このため，本書に収めた内容の多くは，既発表論文であり，初出は，次の通りである．

- 第1章　伊藤徹哉（2022）：デュアルサイクルモデルに着目した都市再生研究の再検討．地理空間，15(1)，pp.1-23．
- 第2章　伊藤徹哉（2019）：都市の形成と発展・維持．加賀美雅弘編著『世界地誌シリーズ11　ヨーロッパ』朝倉書店，pp.62-75．
- 第3章　伊藤徹哉（2018）：ヨーロッパの人口と大都市の分布からみた中軸地域の空間特性．地域研究，58，pp.60-67．
- 第4章　伊藤徹哉（2013）：ドイツの大都市圏における社会・経済的再編－ライン・ルール大都市圏を事例に－．地域研究，53，pp.1-19．
- 第5章　伊藤徹哉（2003）：ドイツにおける都市更新事業に伴う住宅地域変容－1970年代以降のニュルンベルクを事例として－．経済地理学年報，49，pp.197-217．
- 第6章　伊藤徹哉（2009）：ミュンヘンにおける都市再生政策に伴う空間再編．地理学評論，82，pp.118-143．
- 第7章　伊藤徹哉（2012）：都市再生をまちづくりに取り入れる－福島県福島市－（シリーズまちづくり・地域づくり第10回）．地理，57(2)，pp.74-83．これに加えて，上記の伊藤（2022）の一部．

　これらを一冊の書籍として取りまとめるため，各章を修正しており，章によっては大幅な加筆を行っている．また，年次の古いデータに関して，必要に応じて近年の数値を加筆した．第5章と第6章は，2000年前後に筆者が行った現

地調査に基づく内容であり，刊行年よりもかなり昔の出来事であると認めざるを得ない。しかし，「はしがき」などにも記したとおり，本書の意義は都市の発展プロセスにおいて転換期と位置づけられる時期を対象とすることにあり，転換期と設定した1970年代から2010年代までを事例として，必要に応じて近年の動向を補いつつも内容の骨子はそのまま掲載している。

本書の刊行まで実に長い年月を要した。刊行に際し，これまで多くの出来事や人びととの出会いがあり，それらの影響を受け，またご指導やご協力を得ていたことに改めて驚かされている。地理学野へ興味関心を持ったきっかけが，その最たるものである。そもそも筆者は，大学の学部教育において地理学を専攻していなかった。教職関連科目として履修した地理学の授業において山本 充先生（専修大学，元埼玉大学）と出会ったことが，地理学の面白さ，奥深さに気付く契機であった。山本先生の企画した巡検に参加し，先生のドイツでの調査に短時間であるが同行させていただいた。これらは，学部生，しかも地理学初心者の筆者にとって，未知なるものを探究するという，極めて新鮮で，とてもわくわくする経験であった。フィールド調査を通じた研究，特にドイツでの都市研究に強く興味関心を抱き，大学院進学を決意させる転機となったいえる。

1995年に筑波大学大学院地球科学研究科（五年一貫博士課程）に入学後，ヨーロッパの都市に注目し，その空間変容に学問的な関心を深めていった。もともと，1990年前後の東西ドイツの統一と，その後のダイナミックな変化，中東欧諸国での政治・社会的変革である東欧革命を，10代という多感な時期にテレビの画面で目の当たりにして，この地域への興味関心を抱いていたことも，ヨーロッパ，特にドイツに引きつけられた背景ともいえる。大学院において，まず主に取り組んだのは都市地理学分野の理論理解や研究手法の習得であり，故高橋伸夫先生をはじめ，佐々木　博先生，故斎藤　功先生，田林　明先生，手塚　章先生，村山祐司先生，篠原秀一先生，須山　聡先生，森本健弘先生などの諸先生方からご指導をいただいた。指導教員であった故高橋先生の下で，1997年に仙台市を事例とする都市景観の形成と変容をテーマとする修士

論文をまとめることができた。

　この後，大学院博士後期課程相当にすすみ，分野としては修士論文で扱った都市地理学，対象地域としてはドイツという方向性を自分の中で定め，この地域の都市を特徴付けるテーマとして，古くからの市街地が社会・経済・文化的中心地として中・長期にわたり持続的に変容するという都市再生や都市更新という現象を扱うこととした。幸いにしてドイツ留学の機会を得て，バイエルン州の北部に位置するバイロイト大学に 1999 年から 2001 年まで遊学し，同大学のマイヤー教授 Prof. Dr. J. Maier の助言を受けながら，ニュルンベルクでの調査研究を行った。マイヤー教授には，研究内容への助言だけでなく，調査への同行など，多くの便宜を図っていただいた。その成果を中心にして博士論文 "The Process of Renewal in Urban Residential Areas in the German Federal Republic – A Case Study of Nuremberg since the 1970s" をまとめ，2002 年に博士号を取得した。成果の一部は国内外の学会で発表し，学術雑誌でも公開することができた。

　大学院時代には，多くの優れた先輩方や同級生，友人に恵まれた。このことは，今となっては奇跡のような幸運であった。これらの人びとからの助言や協力がなければ，長く厳しい研究生活を乗り越えることはできなかっただろう。中でも同級生であった平井　誠氏（神奈川大学）には，大学院入学当初から，地理学の基礎的知識に関する助言からパソコンなどの技術的な支援まで，さまざまな面でお世話になっている。また，同じ都市地理学を専門とする堤　純氏（現在の所属は，筑波大学。以下同様）をはじめ，さまざまなテーマを専門とした諸氏から学問的な刺激を常に受け，地理学に関する多彩な知識や技能を学ぶことができた。呉羽正昭（筑波大学），山下　潤（九州大学），林　秀司（島根県立大学），若本啓子（宇都宮大学），中村康子（東京学芸大学），芳賀博文（九州産業大学），松井圭介（筑波大学），川瀬正樹（広島修道大学），仁平尊明（東京都立大学），佐藤　大（立教大学），藤永　豪（西南学院大学）などの各氏らとは，ゼミの場だけでなく，その後の「夜のゼミ」となる飲み会の場などにおいて交流し，多くの刺激を受けた。

　2002 年に日本学術振興会特別研究員に採用され，手塚　章先生のご指導を

賜りながら，再度渡独の機会を得たことも，研究を深める上で実に幸運な出来事であった。この期間には，ミュンヘン大学（2002年時点ではミュンヘン工科大学）の客員研究員として，ハインリッツ教授の下でミュンヘンを事例とする研究を集中的に進めることができた。その後，東洋大学を経て，2007年に立正大学に着任して以降も，主にドイツを事例とした都市再生，都市空間の持続的な再編に関する研究を継続してきた。また，多くの先生方のヨーロッパでの海外研究に研究分担者として参加する機会を得たことも，さまざまな都市や地域に関する知見を広める上で極めて有益であり，現在までの研究者生活の貴重な糧となった。2007年以降，手塚　章先生が代表となる研究をはじめ，山本　充先生が代表となる研究など，いくつかの科学研究費補助金（以下、科研費）の研究分担者となり，フランスとドイツの国境地域や，オーストリアのチロル地方での調査研究を実施することができた。中でもヨーロッパ地域研究を精力的に行っていた故小林浩二先生（岐阜大学）の科研費によるブルガリアとルーマニアの比較研究に研究分担者として参画できたことで，ヨーロッパの周辺地域に該当する地域における都市の実態を理解することができた。また，山田徹先生（元神奈川大学），廣多全男先生（横浜市立大学）からお声がけいただき，ヨーロッパにおける大都市圏研究に参画したことで，政治学・都市政策分野の視点や手法を学ばせていただいただけでなく，大都市圏レベルでの考察の重要性を再確認することができた。

　これらの海外研究では，渡航費など多額の研究費が必要であり，科研費やその他の研究助成を得られたことに心から感謝している。そもそも，本書の中核部分ともいえる第5章と第6章の元となったニュルンベルクとミュンヘンでの調査研究は，次の科研費の交付を受けて完遂することができた。「1970年以降のドイツにおける都市住宅地域の更新過程に関する比較研究」（2002～2004年度科研費（特別研究員奨励費）），「都市更新の地域的基盤に関するドイツとポーランドの比較研究」（2006～2008年度科研費（若手研究(B)）。また，本書では「持続可能な社会実現に資する地域資源からみた都市再生の空間的不均衡に関する比較研究」（2022～2025年度JSPS科研費（22K01052））の成果の一部を用いた。さらに遡れば，研究者としての基礎を形作ったドイツ留学に

おいて，2000年にドイツ学術交流会（DAAD）による研究助成を得られたことは，極めて重要な出来事であった．なぜなら，限られた資金の中で生活費のほか，博士論文作成のための現地調査に関わる研究費を捻出する必要があり，その工面に苦労していたからである．DAADによる研究助成を受けられたことによって，主要な現地調査を遂行でき，この調査結果は，その後の研究につながっていった．ドイツでは経済的支援に加え，既述の両教授，ミュンヘン大学クーン博士には，格段の便宜とともに有益な助言をいただいた．また，ニュルンベルク市統計局のブッシャー博士ならびにシルナー博士，同市住宅・都市更新局のペーター氏に貴重な資料を提供していただいた．同様にミュンヘン市や他の基礎自治体での調査でも，各部局から各種資料とともに，有益な情報を提供いただいている．以上記して，厚くお礼申し上げます．

　出版情勢が厳しい中で，本書の出版をお引き受けいただいた古今書院の橋本寿資社長と，編集をご担当いただいた編集部の原　光一氏には，改めてお礼申し上げたい．

　最後に私事となるが，これまで研究活動を続けて来られたのは，ひとえに家族の支援があったからである．ふるさと仙台の地を離れてから，父母には心配ばかりをかけてきたと反省しているが，常に経済的な援助を惜しむことなく，なにより暖かく見守ってもらえた．ただ，父，正男が本書の刊行を待たずして鬼籍に入ってしまったことは，痛恨の極みである．また，近年，多岐にわたる業務に追われ，公私での厳しい出来事も起こる中で，いつも明るく，優しくも的確なアドバイスを与えてくれる妻がいればこそ，前向きに研究活動に打ち込むことができている．そして，子どもには日々の生活中で驚きや感動を与えてもらい，活力の大きな源になっている．この場をお借りし，家族に改めて感謝の意を表したい．

　2024年早春

伊藤徹哉

＊本書の刊行にあたり，令和6年度石橋湛山記念基金出版助成を受けた．

索　引

【ア　行】

アーバン　35
アーヘン　24,63
アイフェル高原　57
アムステルダム　45
アメリカ　48,88
アメリカ合衆国　7,41,42
イーザル川　128
イギリス　8,13,22,29,39,45,82
イタリア　26,29,44,45
インターレグ　35,84
インナーエリア　1,8,18,91,130,145,154,160
インナーシティー　18
ウィーン　27
ヴェネチア　23
エムシャー川　57
オフィス　143
オランダ　10,26,44,45

【カ　行】

カールスルーエ都市圏　83
街区　127,159
外国人　33,60,98,115,147
ガストアルバイター　98
貨幣経済　23
ガラス片の地区　101
技術的条件　15,19

基礎自治体　54
機能都市地域　40,48
旧工業地帯　52
協議型の都市再開発　7
行政区　54
行政組織　20
近代都市　26,29
空間計画関係閣僚会議　56,74,76,88
空間研究・国土計画アカデミー　74
空間整備　32,75,78
空間秩序・地域計画　74
グラン・パリ　32
郡　53
ケルン　23,35,53,62,71,72
ケルン・ボン地域　56
ケルン・ボン地域協会　56,76
ケルン盆地　57
郊外開発　20,29,35,74,92
工業都市　26,44,69,127
高質化　13
交通（運輸）連合　75
高度経済成長期　7,29,31,33
高密度地域　74,88
高齢化　64
国民国家　26

【サ　行】

産業革命　ii,26,43,52
産業革命期　21
産業構造の転換　2,32,69,80
産業別就業者　52,53,67,71
ジェントリフィケーション　13
自然的基盤　15
失業率　9,29,69,87,135,146,161
質的改善　33,118
社会住宅　105,112,132,147
社会的都市　9,94,136
社会的分断の強化　85
社会に適合した土地利用　135
就業構造　52,53
州・近代化事業　134
集積地域　75
住宅供給　7,29,89,98,118,130
住宅供給協会　106,109
住宅近代化・省エネ法　93
住宅建築法での近代化助成　134
シュトゥットガルト　75
少子化　64
人口郊外化　98,132
人口特性　53
人口変化　53
新自由主義的アーバニズム　10
神聖ローマ帝国　24
慎重な都市再生　93,99,100,121
衰退建築物　11,35,91,92,98,106,118
衰退地域　2,4,9,13,20,33,98,121,136,155
スペイン　44
スラムクリアランス　7
生態的都市更新　9

生態的都市再生　93,121
世界都市　9
選択的な都市再生　154,155
先端技術産業　43,128
総合計画　76

【タ　行】

大規模住宅団地　92,121,129
大都市　40,48
大都市圏　32,37,38,40,43,48,51,73,88
大都市圏間競争　51
大ロンドン計画　29
多極中心型の都市システム　74,75
脱工業化　31
地域維持の都市再生　93
地区詳細計画　92,121
中央オーバーライン地域連合　83
中央ヨーロッパ　23
中軸地域　37,39,41,43,49,80
中心地　75
長方形街区　101
帝国都市　24
デュアルサイクルモデル　4,6,19,164
デュッセルドルフ　27,53,61,63,71
田園都市構想　27
田園都市論　35
転換期　29,31
ドイツ　8,20,31,45,51,82,125
ドイツにおけるヨーロッパ大都市圏　76
トゥールーズ　23
統計地区　139,143,159,161
特別市　53
都市開発公社　8

索　引　201

都市間競争　2,10,32,47,80,83
都市基盤　21
都市区　126,159
都市圏　74
都市建築助成法　9,20,93,98,121
都市更新（再開発）　8
都市国家　22
都市再開発補助プログラム　7
都市再生会社　8
都市再生事業　7,9,11,15,20,91,127,171
都市再生　1,4,73,118,125,154
都市再生政策　8,11,14,18,100,126,129,133
都市再生プログラム　136
都市再生補助金プログラム　8
都市システム　17,37,73,74
都市政策　3,6,10,91,118,132,152
都市・地域間連携　51,73
土地利用準備計画　92,121

【ナ　行】
ナポリ　46
ニュルンベルク　24,91
ノルトライン＝ヴェストファーレン州　53

【ハ　行】
バーミンガム　45
パミナ　84
パリ　22,26,44,46
パリ大改造　26
ハワード　27
ハンブルク　11,24,44,94,127
東での都市再編　9
フランクフルト　24,75

フランケン地方　97
フランス　8,22,26,32,44
ブリュッセル　45
ブルージュ　24
ブルーバナナ　39
ブレーメン　23
ペニン山脈　26
ベルリン　27,44,46,127
ポストフォーディズム　9
ポリス　22
ボン　53,71
ボン・ケルン地域　57

【マ　行】
まちづくり会社　7
まちづくり三法　2,171
マドリード　44
マンチェスター　26,45
ミッドランド地方　26
ミュンスター平野　57
ミュンヘン　27
ミュンヘン　44,78,80,125,127
ミラノ　23,44,45
民族国家　26
面的更新　93

【ヤ　行】
ヨーロッパにおける歴史的建造物保存年　93
ヨーロッパのサンベルト　46,48

【ラ　行】
ライン＝シーファー山地　57
ライン・ルール高密度地域　54

ライン・ルール大都市圏　51,54,56,57,77
ライン川　57
ライン地域　53,63,71
リバブル・コミュニティ・イニシアチブ　7
リヒテンベルガー　4,18
ルール川　57
ルール地域　26,44,45,52,53,57,63,70,75
ルール地域連合　56,76
ルール都市圏　56
連邦空間秩序法　74
連邦建設法典　121
連邦建築・空間整備局　74
連邦建築法　92
連邦建築法典　93
連邦地域・空間整備研究所　74,88
ロートハール山地　57
ロンドン　27,44,45

【A～Z】
Aachen　63
Akademie für Raumforschung und Landesplanung　74
Ballungsraum　75
Bebauungsplan　92,121
Behutsamer Stadterneuerung　93
Block　159
Bundesamt für Bauwesen und Raumordnung　74
Bundesbaugesetz　92
Bundesbaugesetzbuch　93
Bundesforschungsanstalt für Landeskunde und Raumordnung　74
Bundesraumordnungesetz　74
Duales Zyklusmodell　4

Eifel　57
EMD　76
Erhaltener Stadterneuerung　93
EUMR　81
EUによる大都市圏　81
Europäisches Denkmalschutzjahr　93
Europäsche Metropolregionen in Deutschland　76
Eurostat　39,48,81
Flächennutzungsplan　92,121
Flächensanierung　93
Franken　97
Functional Urban Area　40
Gastarbeiter　98
Gemeinde　54
Gentrification　13
Glasscherbenviertel　102
Greater Cities　40
Interreg　35
Kölner Bucht　57
Kreis　53
Kreisfreie Städte　53
Lichtenberger　4
Münsterland　57
Masterpläne　76
Metropole Ruhr　56
Metropolitan Regions by EU　81
Metropolregion Rhein-Ruhr　56,77
MGS 資金モデル　134
MKRO　74,88
Neoliberal Urbanism　10
NRW 州　53
NUTS　39,48,81

NUTS2　41
Oberzentrum　75
Ökologische Stadterneuerung　9,93
PAMINA　84
Raumordnung　75
Raumordnung und Landesplanung　74
Rechteckssystem　101
Regierungsbezirk　54
Region Köln/Bonn e.V.　56
Region Mittlerer Oberrhein　83
Regionalverband Ruhr　56,76
Rheinisches Schiefergebirge　57
Rhein-Ruhr Verdichtungsraum　54
Rothaargebirge　57
Soziale Stadt　9,94,136
Sozialgerechte Bodennutzung　135
Sozialwohnung　105,130

Städtebauförderungsgesetz　9,91
Stadtbezirk　126,159
Stadterneuerung　8
Stadtregion　74
Stadtsanierung　8
Stadtumbau Ost　9
TMO　7
Upgrading　13
URBAN　35
Urban Development Corporation　8
Urban Regeneration Companies　8
Urban renewal projects　7
Verkehrsverband　75
Viertel　159
WBG　106
Wohnungsmodernisierungs- und
　　Energieeinsparunungsgesetz　93

著 者 略 歴

伊藤　徹哉（いとう　てつや）

1971年，宮城県に生まれる。2002年，筑波大学大学院博士課程地球科学研究科地理学・水文学専攻修了，博士（理学）。日本学術振興会特別研究員（PD），ミュンヘン大学客員研究員，東洋大学研究助手，立正大学特任講師，同大准教授を経て，2015年より同大教授。専門は，都市地理学，ヨーロッパ地域研究。

主な分担執筆に『拡大EUとニューリージョン』（原書房，2012年），"Urban Geography of Post-Growth Society"（Tohoku University Press，2015年），『世界地誌シリーズ11　ヨーロッパ』（朝倉書店，2019年）。共編著に『地理エクスカーション』（朝倉書店，2015年），『海外エクスカーション』（朝倉書店，2019年）など。

書　名	転換期におけるヨーロッパの都市再生
	－持続可能な都市空間－
コード	ISBN978-4-7722-5357-4　C3036
発行日	2024年10月25日　初版第1刷発行
著　者	伊藤　徹哉
	Copyright ©2024 ITO Tetsuya
発行者	株式会社古今書院　橋本寿資
印刷所	株式会社太平印刷社
発行所	株式会社 古今書院
	〒113-0021　東京都文京区本駒込5-16-3
電　話	03-5834-2874
FAX	03-5834-2875
URL	https://www.kokon.co.jp/
	検印省略・Printed in Japan

いろんな本をご覧ください
古今書院のホームページ

https://www.kokon.co.jp/

★ 800点以上の**新刊・既刊書**の内容・目次を写真入りでくわしく紹介
★ 地球科学やGIS，教育など**ジャンル別**のおすすめ本をリストアップ
★ 月刊『**地理**』最新号・バックナンバーの特集概要と目次を掲載
★ 書名・著者・目次・内容紹介などあらゆる語句に対応した**検索機能**

古 今 書 院
〒113-0021　東京都文京区本駒込 5-16-3
TEL 03-5834-2874　　FAX 03-5834-2875
☆メールでのご注文は　order@kokon.co.jp　へ